Einfluss von Pyrrolizidinalkaloiden auf die Honigbiene (*Apis mellifera)*

Von der Fakultät für Lebenswissenschaften

der Technischen Universität Carolo-Wilhelmina

zu Braunschweig

zur Erlangung des Grades einer

Doktorin der Naturwissenschaften

(Dr. rer. nat.)

genehmigtete

D i s s e r t a t i o n

von Annika Reinhard

aus Uelzen

Bibliografische Information der Deutschen Nationalbibliothek

Die Deutsche Nationalbibliothek verzeichnet diese Publikation in der Deutschen Nationalbibliografie; detaillierte bibliografische Daten sind im Internet über http://dnb.d-nb.de abrufbar.

1. Aufl. - Göttingen : Cuvillier, 2011

Zugl.: (TU) Braunschweig,, Univ., Diss., 2011

978-3-86955-748-9

1. Referentin oder Referent:	Professor. em. Dr. Thomas Hartmann
2. Referentin oder Referent:	Professor Dr. Ute Wittstock
eingereicht am:	27.10.2010
mündliche Prüfung (Disputation) am:	04.02.2011

Druckjahr 2011

Dissertation an der Technischen Universität Braunschweig, Fakultät für Lebenswissenschaften

Nonnenstieg 8, 37075 Göttingen

Telefon: 0551-54724-0

Telefax: 0551-54724-21

www.cuvillier.de

1. Auflage, 2011

Gedruckt auf säurefreiem Papier

978-3-86955-748-9

Vorveröffentlichungen der Dissertation

Teilergebnisse aus dieser Arbeit wurden mit Genehmigung der Fakultät für Lebenswissenschaften, vertreten durch den Mentor der Arbeit, in folgenden Beiträgen vorab veröffentlicht:

Publikationen

Reinhard, A., Janke, M., von der Ohe, W., Kempf, M., Theuring C., Hartmann, T., Schreier, P., Beuerle, T. Feeding Deterrence and Detrimental Effects of Pyrrolizidine Alkaloids Fed to Honey Bees (*Apis mellifera*). *J. Chem. Ecol.* (2009) *35*:1086–1095 (2009).

Kempf, M., Reinhard, A., BeuerleT. Pyrrolizidine alkaloids (PAs) in honey and pollen-legal regulation of PA levels in food and animal feed required. *Mol. Nutr. Food Res.*, *54*, 158–168 (2010).

Kempf, M., Schreier, P., Reinhard, A., Beuerle, T. Pyrrolizidinalkaloide in Honig und Pollen. *J. Verbr. Lebensm.*, *5*, 393–406 (2010).

Reinhard, A., Janke, M., von der Ohe, W. und Beuerle, T. Einfluss von Pyrrolizidinalkaloiden auf Honigbienen. *Deutsches Bienen-Journal*, *18* (08), 336 (2010).

Tagungsbeiträge

Reinhard, A., Beuerle, T., Hartmann, T., Janke, M., von der Ohe, W. Wirkung von Pyrrolizidin-Alkaloiden auf Larven der Honigbiene. (Vortrag). *57. Jahrestagung der Arbeitsgemeinschaft der Institute für Bienenforschung e.V.*, Herne, Deutschland (2010).

Reinhard, A., Janke, M., von der Ohe, W., Peter Schreier, P., Beuerle, T. Bienen und Pyrrolizidinalkaloide. (Vortrag). *2. Jahrestagung der Institute des LAVES*, Oldenburg, Deutschland (2009).

Reinhard, A., Janke, M., von der Ohe, W., Peter Schreier, P., Beuerle, T. Bienen und Pyrrolizidinalkaloide. (Vortrag). *56. Jahrestagung der Arbeitsgemeinschaft der Institute für Bienenforschung e.V.*, Schwerin, Deutschland (2009).

Reinhard, A., von der Ohe, W., Hartmann, T., Beuerle, T. Pyrrolizidine alkaloids – deterrent effects on honey bees? (Poster 115). *International Society of Chemical Ecology, 26th Annual Meeting*, Tours, France (2010).

Beuerle, T., Reinhard, A. The Impact of Pyrrolizidine Alkaloids on Honey Bees. (Poster 154). *International Society of Chemical Ecology, 26th Annual Meeting*, Tours, France (2010).

Reinhard, A., Janke, M., von der Ohe, W., Schreier, P., Beuerle, T. Investigations on the side effects of pyrrolizidine alkaloids on honey bees (*Apis mellifera* L.) in feeding experiments. (Poster). *Apimondia 2009, 41st Congress*, Montpellier, France (2009).

Reinhard, A., von der Ohe, W., Janke, M., Kempf, M., Schreier, P., Beuerle, T. Bienen und Pyrrolizidin-Alkaloide. (Poster). *55. Jahrestagung der Arbeitsgemeinschaft der Institute für Bienenforschung e.V.*, Liebenwalde, Deutschland (2008).

"Wenn die Biene von der Erde verschwindet, dann hat der Mensch nur noch vier Jahre zu leben. Keine Bienen mehr, keine Bestäubung mehr, keine Pflanzen mehr, keine Tiere mehr, keine Menschen mehr..."

Albert Einstein (*1879, †1955)
Physiker und Nobelpreisträger des Jahres 1921

*M*it der Fertigstellung der vorliegenden Dissertation möchte ich all den Menschen meinen Dank aussprechen, die mich während der Zeit meiner Forschung begleitet und in verschiedenster Weise unterstützt haben.
Die drei Jahre am Institut für Pharmazeutische Biologie der Technischen Universität Braunschweig waren eine sehr schöne Zeit für mich, was nicht zuletzt auf die tollen Arbeitsbedingungen und die kollegiale Atmosphäre zurückzuführen ist.

Besonderer Dank gilt zunächst meinem Doktorvater Prof. em. Dr. Thomas Hartmann, Prof. a.D. Dr. Peter Schreier und Dr. Till Beuerle für die Bereitstellung der spannenden, herausfordernden Aufgabenstellung und der sehr guten Betreuung.
Die wissenschaftlichen Auseinandersetzungen und das lebendige Interesse an dem Thema mündeten in vielfältigen Sichtweisen und kreativen Ideen.

Frau Claudine Theuring danke ich für die Weitergabe ihres umfangreichen analytischen und theoretischen Erfahrungsschatzes auf dem Gebiet der Pyrrolizidinalkaloide und auch für die sehr nette Zusammenarbeit im gemeinsamen Labor.

Allen Kollegen der AG Wittstock sei gedankt für die freundliche, sehr hilfsbereite Arbeitsatmosphäre und der „Laubenrunde" für die ausgleichenden Stunden während und gelegentlich auch außerhalb der Arbeitszeit.

Besonders erwähnen möchte ich hier Dr. Werner von der Ohe und Martina Janke sowie alle fleißigen Hände des Bieneninstituts des LAVES in Celle, mit deren vielseitiger Unterstützung meine Versuche mit der Honigbiene in den Sommermonaten in den drei Jahren überhaupt nur möglich waren. Vielen Dank für die tolle Kooperation.
Mein Dank gilt weiterhin Dr. Michael Kempf und seinen studentischen Hilfskräften der Universität Würzburg.

Ich danke allen Freunden, mit denen ich die vielen schönen Jahre meines Studiums und der Doktorarbeit gemeinsam verbringen konnte und ich hoffe, dass diese Kontakte auch weiterhin bestehen bleiben.
In diesem Rahmen möchte ich Inga Unterieser und Antje Plock für die akribischen Korrekturlesungen meiner Arbeit danken.

Meiner Familie möchte ich für die Unterstützung in jeglicher Hinsicht meinen tiefsten Dank ausdrücken. Ohne ihren Rückhalt und die Möglichkeit, meinen Weg mit allen Freiheiten zu gehen, wäre die vorliegende Arbeit sicher nicht zustande gekommen.

Abschließend gilt mein herzlichster Dank meinem Freund Daniel Schneidenbach, der durch fachliche Diskussionen und sowohl tatkräftige als auch moralische Unterstützung einen wichtigen Beitrag zu meiner Arbeit geleistet hat und dem ich viele gemeinsame schöne, ausgleichende Stunden zu verdanken habe.

Nicht Wachs sondern Bienensabber ist Honig!

Köln, im Mai 2011

Annika Reinhard

Inhaltsverzeichnis

Abkürzungsverzeichnis

"TM"	Unregistered Trademark
©	Copyright
®	Eigentragene Marke
A. m. mellifera	*Apis mellifera* (Unterart der Honigbiene)
A. mellifera	*Apis mellifera* (Honigbiene)
Abb.	Abbildung
bzw.	beziehungsweise
ca.	circa
CI	*chemical ionisation* (engl., chemische Ionisierung)
conc	konzentriert
DHP	Dehydropyrrolizidinalkaloid
DNA	Desoxyribonucleinsäure
E. vulgare	*Echium vulgare* (Gewöhnlicher Natternkopf)
EI	*electron ionisation* (engl., Elektronenstoßionisation)
EMS	Enhanced MS
EPI	Enhanced Product Ion
ESI-MS	Elektrospray-Massenspektrometrie
et al.	*et alia* (lat., und andere)
etc.	*et cetera* (lat., und so weiter)
eV	Elektronenvolt
FID	Flammenionisationsdetektor
FSANZ	Food Standards Australia New Zealand
GC	Gaschromatographie
GC-MS	Gaschromatographie-Massenspektrometrie
GHS	Glutathion
HPLC	Hochleistungsflüssigkeitschromatographie
IS	interner Standard
J. vulgaris	*Jacobaea vulgaris* (früher *Senecio jacobaea* Jakobs-Greiskraut)
LAVES	Niedersächsisches Landesamt für Verbraucherschutz und Lebensmittelsicherheit
LC-MS	Hochleistungsflüssigkeitschromatographie-Massenspektrometrie
m/z	Masse-Ladungsverhältnis

max.	maximal
MRM	Multiple Reaction Monitoring
MS	Massenspektrometrie
MSTFA	*N*-Methyl-*N*-(trimethylsilyl)trifluoroacetamide
n	Anzahl
N	Normalität
NADPH	Nicotinamidadenindinukleotiddiphosphat
NPD	*nitrogen phosphorus detector* (engl., Stickstoff-Phosphor-Detektor)
Nu	Nucleophil
O. cacaliae	*Oreina cacaliae* (Blattkäfer)
OECD	Organisation for Economic Co-Operation and Development
P	statistische Signifikanz
P. boucardi	*Platyphora boucardi* (Blattkäfer)
PA/ PAs	Pyrrolizidinalkaloid/ Pyrrolizidinalkaloide
RÄ	Retronecin-Äquivalente
RI	linearer Retentionsindex
Rt	Retentionszeit
RT	Raumtemperatur
s.	siehe
S. vernalis	*Senecio vernalis* (Frühlings-Greiskraut)
s.o.	siehe oben
SIM	Selected Ion Monitoring
SPE	*solid phase extraction* (engl,. Festphasenextraktion)
spp.	*species pluralis* (lat.)
THF	Tetrahydrofuran
TIC	*total ion chromatogram* (engl., Totalionenchormatogramm)
TMS	Trimethylsilyl
U	Umdrehung(en)
u.a.	unter anderem
v. Chr.	vor Christus
vgl.	vergleiche
v/v	Volumenverhältnis
w/w	Massenverhältnis
z.B.	zum Beispiel

1 Einleitung

Im Laufe der Evolution haben Pflanzen verschiedene Mechanismen entwickelt, mit denen sie in der Lage sind, sich gegen ihre direkten Feinde wie Herbivoren, Viren oder pathogene Mikroorganismen zu schützen. Bedingt durch ihre sessile Lebensweise sind Pflanzen im Gegensatz zu Tieren nicht in der Lage, drohenden Angreifern oder Umwelteinflüssen mittels Flucht zu entgehen und mussten andere Strategien zur Verteidigung entwickeln. Dazu zählen auf der einen Seite mechanische „Waffen" wie Dornen und Stacheln und auf der anderen Seite chemische Substanzen, so genannte pflanzliche Sekundärstoffe. Für Wachstum und Entwicklung der Pflanze sind die Verbindungen des Sekundärstoffwechsels entbehrlich, wodurch sie sich von den Substanzen des Primärstoffwechsels unterscheiden. Die verschieden entwickelten Abwehrstrategien besitzen trotzdem große Bedeutung für die Pflanzen zur Erhaltung des Fortbestandes ihrer Art in ihrer Umwelt (Hartmann, 1985).

Als Folge des immer fortlaufenden Wechselspiels der gegenseitigen Anpassung ist es einigen Herbivoren, insbesondere Insekten, im Lauf der Evolution gelungen, die chemische Barriere der Pflanze zu überwinden. So können sie die Pflanzen unbeschadet als Nahrungsresourcen nutzen, was ihnen entscheidende Vorteile bringen kann. Zum einen besitzen angepasste Generalisten dadurch ein größeres Nahrungsangebot und zum anderen verwenden spezialisierte Insekten die pflanzlichen Sekundärstoffe beispielsweise als eigene chemische Abwehr gegen Insektivoren.

Eine Substanzklasse innerhalb der pflanzlichen Sekundärstoffe sind die Pyrrolizidinalkaloide (PAs). Anhand zahlreicher Untersuchungen der letzten Jahre konnten Erkenntnisse über die abschreckenden Eigenschaften der PAs gewonnen werden. Zugleich wurden auch faszinierende Beispiele der Anpassung von spezialisierten Insekten und deren Mechanismen zum unbeschadetem Umgang mit diesen Pflanzentoxinen aufgeklärt (Hartmann und Ober, 2000; Hartmann und Ober, 2008).

Über den Einfluss der PAs auf die Honigbiene (*Apis mellifera*) und ihre Nachkommen gibt es bisher noch keine Untersuchungen. Die Honigbiene gehört „notgedrungen" in die

Gruppe der Generalisten, was als Folge ihrer Lebensweise angesehen werden kann. In den Sommermonaten muss sie genügend Vorräte für den Winter sammeln und ist somit zu der Zeit stark von ihrer Umwelt abhängig.
In der vorliegenden Arbeit wurde nun untersucht, wie es Bienen gelingt mit toxischen PAs, die sie möglicherweise mit ihrer Nahrung aufnehmen, zurecht zu kommen. Einleitend werden zunächst Biologie und Verhalten der staatenbildenden Bienen und die Biologie, Chemie und Toxikologie der pflanzlichen PA dargestellt.

1.1 Die Honigbiene (*Apis mellifera*)

Honigbienen sammeln neben Hummeln, Wildbienen und weiteren Insekten in Pflanzenblüten Nektar und Pollen für ihre eigene Ernährung. Dabei erfüllen sie nicht nur ihre eigenen Bedürfnisse sondern sichern durch die Bestäubung der Blüten auch deren Befruchtung. Ungefähr 90 % aller Blütenpflanzen werden insektenbestäubt und profitieren durch das Sammelverhalten der Insekten. Nur so kann eine so enorme Vielfalt an Wildpflanzen, wie wir sie kennen, entstehen und bestehen (Fluri und Pickhardt, 2003). Ebenso kann die große Anzahl landwirtschaftlicher Nutzpflanzen nur über die Bestäubung durch die Insekten dem Menschen vielfältige Erträge liefern. Aufgrund der dadurch gestiegenen Produktvielfalt in der menschlichen Ernährung, hat die Honigbiene als drittwichtigstes „Nutztier“ nach Rind und Schwein große Bedeutung für den Menschen gewonnen (s. Abb. 1).

Abb. 1 Die Honigbiene gilt aufgrund ihrer Bestäubungsleistung menschlicher Nutzpflanzen als drittwertvollstes Haustier (aus Tautz, 2007).

So ist die Honigbiene für den Menschen nicht nur Lieferant geschätzter Produkte wie Honig und Bienenwachs sondern vor allem ein unersetzliches Nutztier, das durch seine Bestäubungstätigkeit die Frucht- und Samenproduktion vieler unserer Nahrungspflanzen sichert (Fluri und Pickhardt, 2003).

1.1.1 Geschichte der Honigbiene und Bienenhaltung in Europa

Über einen Zeitraum von mehr als 100 Millionen Jahren hat sich in Koevolution mit den Blütenpflanzen eine große Artenvielfalt der Bienen herausgebildet. Die Bienen gehören zur Ordnung der Hautflügler (Hymenoptera) und bilden gemeinsam mit den auch aus unseren Breiten bekannten Hummeln die Familie der Bienen (Apidae) (s. Abb. 2) (Thomas, 2008). Innerhalb der Gattung der Honigbienen (Apis) bildet *Apis mellifera* (Bedeutung: „honigtragende oder honigerzeugende Biene“, Winston, 1991) die für uns wichtigste Art.

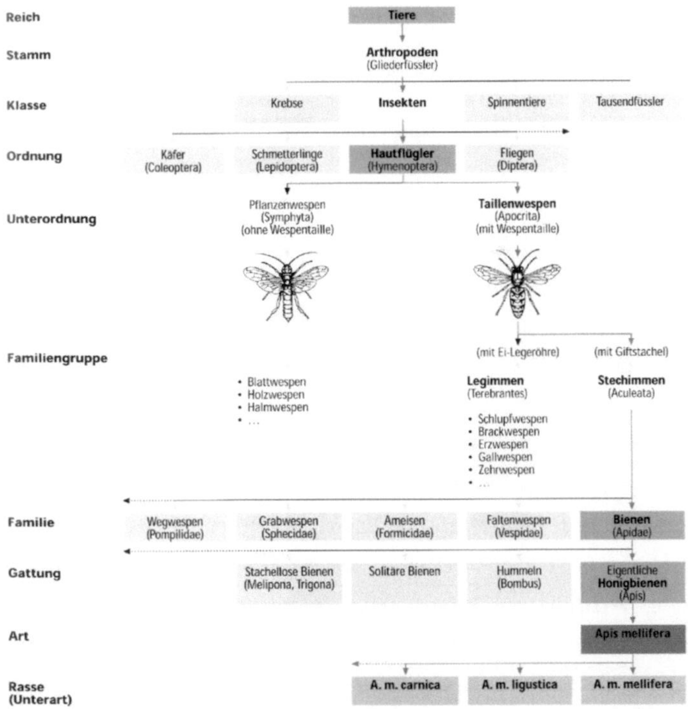

Abb. 2 Zoologische Stellung der Honigbiene (vereinfachtes Schema, aus Thomas, 2008).

Bei vielen Hautflüglern konnte eine soziale, staatenbildende Lebensweise festgestellt werden, die so vergleichbar im Tierreich nur noch in der Ordnung der Termiten angetroffen wird. Für diese Lebensform wurde der Begriff „Superorganismus" geprägt. Hierbei wird die gesamte Bienenkolonie mit einem einzigen Tier gleichgesetzt und als ein unteilbares Ganzes angesehen. Die einzelne Biene an sich wäre auch ein überlebensfähiges Individuum, denn sie besitzt alle notwendigen Körperorgane, die ein Insekt zum Überleben benötigt. Der Imker und Schreinermeister J. Mehring (1815 – 1878) stellte das Bienenvolk sogar einem Wirbeltier gleich (Tautz 2007, S.4): „Das Bienenvolk sei ein „Einwesen"; es entspreche einem Wirbeltier. Die Arbeitsbienen seien der Gesamtkörper, seine Erhaltungs- und Verdauungsorgane, während die Königin den weiblichen, die Drohnen den männlichen Geschlechtsorganen entsprächen."

Im Bienenvolk leben immer mindestens zwei Generationen zusammen und die Arbeit wird untereinander geteilt. Königinnen sind für die Eiablage zuständig und andere Mitglieder, die sogenannten Arbeiterinnen, teilen sich die übrigen Arbeiten wie Brutpflege, „Hausputz" und Nahrungsversorgung. Die Drohnen, die männlichen Bienen, entstehen aus unbefruchteten Eiern und sind einzig für die Begattung der Königin verantwortlich (Thomas, 2008).

Über die ganze Welt verteilt sind mehr als 25 000 verschiedene Bienenarten beschrieben worden, von denen die meisten jedoch eine solitäre Lebensweise aufweisen und nicht wie die Honigbiene (Apis) eine soziale. Innerhalb der Gattung Apis existieren mehrere Arten, von denen im gesamten europäischen und afrikanischen Raum nur die bereits genannte Honigbiene *Apis mellifera* vorkommt. In Südostasien dagegen findet man in großer Vielfalt acht verschiedene Arten, die teilweise in schwerzugänglichen Höhlen oder auch freihängend in Bäume ihre Nester bauen (Winston, 1991; Thomas, 2008).

Die Westliche Honigbiene umfasst in etwa 25 verschiedene Rassen, jede an die Klima- und Trachtverhältnisse des entsprechenden Lebensraumes angepasst (Ritter, 2003). Für die Bienenzucht sind weltweit nur drei Rassen von Bedeutung: *Apis mellifera mellifera, Apis mellifera carnica* und *Apis mellifera lingustica* (Thomas, 2008). Ursprünglich war die Verbreitung verschiedener Rassen geographisch durch Meere und/oder Gebirge begrenzt, doch mit zunehmender Mobilität des Menschen wurden diese Grenzen verwischt, infolgedessen die Rassen vermischt und über die ganze Welt verbreitet. In Abb. 3 ist ein Überblick über die Verbreitung der Westlichen Honigbiene durch den Menschen über die Welt ab dem Jahr 1530 dargestellt.

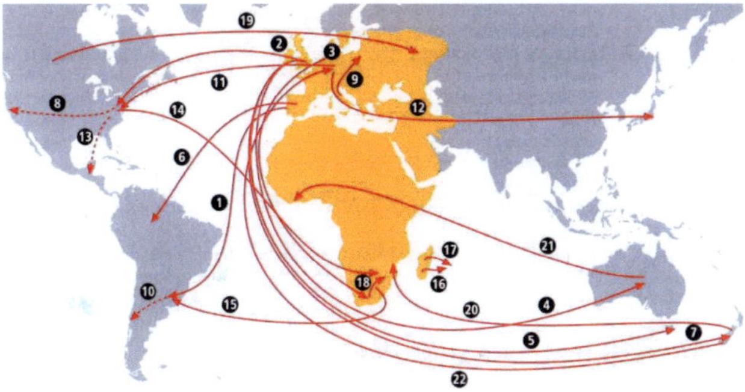

1	Portugal–Brasilien 1530, *iberica*	12	Europa–Japan 1877, *m.*
2	London–New York 1622, *m.*	13	Südstaaten–Yucatan 1911, *m.*
3	Niederlande–Kapstadt 1795, *m.*	14	New York–Pretoria 1930, *m.*
4	London–Australien 1822, *m.*	15	Transvaal–São Paulo 1956, *scutellata*
5	London–Tasmanien 1835, *m.*	16	Madagaskar–Réunion 1960, *unicolor*
6	Spanien–Südamerika 1839, *iberica*	17	Madagaskar–Mauritius 1960, *unicolor*
7	London–Neuseeland 1842, *m.*	18	Kapstadt–Pretoria 1975, *capensis*
8	Ostküste–Westküste 1850, *m.*	19	Nordamerika–Europa 1980, *m.*
9	Italien–Polen 1835, *ligustica*	20	Neuseeland–Simbabwe 1990, *m.*
10	Ostküste–Westküste 1857, *iberica*	21	Australien–Elfenbeinküste 1995, *m.*
11	Deutschland–New York 1859, *ligustica*	22	Neuseeland–Deutschland 1999, *m.*

Abb. 3 Verbreitung der Westlichen Honigbiene durch den Menschen (aus Lehnherr und Duvoisin, 2003).

Der Beginn der Bienenhaltung lässt sich zeitlich nicht genau festlegen. Es wird vermutet, dass die Bienenhaltung mit Einsetzen der Sesshaftigkeit des Menschen vor gut 12 000 Jahren einsetzte. Felszeichnungen, deren Alter auf 8000 bis 15 000 Jahre geschätzt wird, zeugen von Honigernte durch den Menschen (Gould und Gould, 1995).

Aus dem alten Ägypten belegen Papyrusschriftrollen die Bienenhaltung seit 2 400 v. Chr. Aus dem antiken Griechenland wird in Schriften Homers und Hesiods von ca. 850 v. Chr. über Bienenhaltung berichtet. Zu dieser Zeit galt das Interesse vor allem den Produkten Honig und Wachs. In Ägypten gehörten diese neben Weihrauch und Öl als Opfergaben zu den Tempeleinkünften, da die Bauern einige ihrer abzugebenden Steuern in Form von Honig bezahlen mussten. In Griechenland fanden die Erzeugnisse der Bienen beispielsweise Verwendung als Heilmittel, Fackeln und Schreibtafeln. Im Mittelalter erreichte die Bienenhaltung, durch Gesetze geschützt und gefördert, einen hohen Entwicklungsstand. Bis vor gut 400 Jahren zählte Honig neben Früchten zu den einzigen süßen Lebensmitteln der Menschen und wurde daher als kalorienlieferndes Nahrungsmittel hoch geschätzt (Gould und Gould, 1995). Mitte des 16. bis Ende des 18.

Jahrhunderts ging dieser aufgrund vieler Faktoren stark zurück. Diese waren z.B. die Reformation mit der Auflösung der Klöster, die die Bienenhaltung in großem Maß gefördert hatten oder auch die neu erschlossenen Handelswege, wodurch Bienenwachs und Honig durch andere Produkte wie das pflanzliche Carnaubawachs und Rohrzucker aus Übersee Konkurrenz bekamen. Dies stellt den Zeitpunkt des Niedergangs der traditionellen Imkerei dar (Lehnherr und Thomas, 2008).

1.1.2 Organisation des Bienenvolkes

Der Superorganismus Bienenvolk repräsentiert ein hoch spezialisiertes, durchorganisiertes und leistungsstarkes soziales Gefüge. Das Bienenvolk setzt sich aus drei „Familienmitgliedern", sogenannten Kasten zusammen: einer Königin (Mutter), etwa 10 000 bis 30 000 Arbeiterinnen (Töchter) und 100 bis 1000 Drohnen (Söhne). Die Königinnen können vier bis fünf Jahre leben, während Arbeiterbienen und Drohnen eine Lebensdauer von bis zu 50 Tagen besitzen (Duvoisin und Lehnherr, 2003). Die Entwicklungsdauer der Larven in die erwachsenen Bienen dauert je nach Kaste 16 – 24 Tage (s. Abb. 4).

Im Folgenden wird am Beispiel der Arbeiterinnen auf die Entwicklungsstadien detaillierter eingegangen.

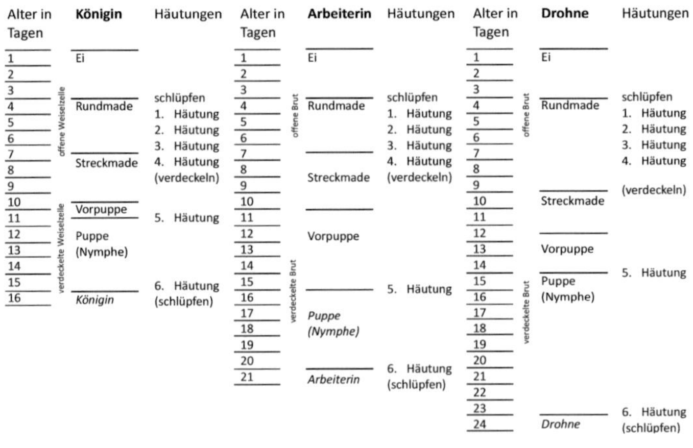

Abb. 4 Übersicht über die Entwicklung von Larven der verschiedenen Kasten eines Bienevolkes (nach Duvoisin und Lehnherr, 2003).

Arbeiterinnenlarve

Drei Tage wächst der Embryo im Ei heran und verbraucht hierbei den ihn umgebenden Dotter. Am vierten Tag (s. Abb. 4) schlüpft die Made, die von den Ammenbienen mit Honig, Pollen und Futtersaft, den diese in der Futtersaftdrüse (Hypopharynxdrüse) (s. Abb. 8) produzieren, versorgt. Am neunten Tag beginnen die Bienen, die Brutzellen zu verdeckeln und die Larven verpuppen sich in einem Kokon und die Metamorphose beginnt (Duvoisin und Lehnherr, 2003; Winston, 1991).

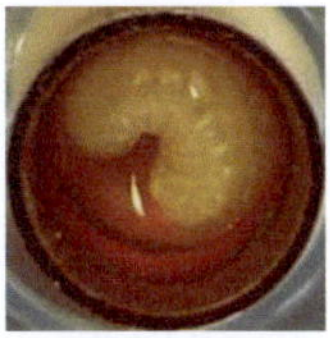

Abb. 5 Arbeiterinnenlarve aus eigenen Fütterungsversuchen (s. Abschnitt 6.10.4; Abb. 50) an Tag 6.

Puppe

Im Puppenstadium (s. Abb. 6) sind bereits alle Körperteile bis auf die Flügel wie bei der erwachsenen Biene ausgebildet. Sie nimmt an Größe nicht mehr zu. Jetzt finden die Ausprägung der inneren Organe und Muskeln und eine Verdunklung der Oberhaut statt. Dieser Zustand dauert für den Arbeiterinnen-Nachwuchs weitere 8–9 Tage (Winston, 1991).

Abb. 6 Arbeiterinnenpuppe aus eigenen Fütterungsversuchen (s. Abschnitt 6.10.4; Abb. 50) an Tag 15.

Arbeiterin

Mit Hilfe ihrer Mundwerkzeuge (Mandibeln) nagt sich die Arbeiterin durch den Wachsdeckel und schlüpft nach ca. 21 Tagen. Während ihres Lebens durchlaufen die meisten Arbeiterinnen verschiedene Berufe (s. Abb. 7).

	Tage nach Schlüpfen	Tätigkeit	Drüsenaktivität
Stockbiene	1 – 2	Zellputzerin: säubert Brutzellen, die vor kurzem frei geworden sind	
	3 – 12	Ammenbiene: füttert die Maden	Hypopharynxdrüsen produzieren Futtersaft
	12 – 20	Nektarabnehmerin: Herstellung und Einlagerung von Honig	Futtersaftdrüsen geben Enzyme ab zur Herstellung von Honig; Giftdrüsen füllen Giftblase
		Baubiene: Wabenbau	Wachsdrüsen erreichen ihre maximale Größe
		Wächterbiene: bewacht Stockeingang	
Flugbiene	20 - Lebensende	Sammelbiene: sammelt Nektar, Pollen, Wasser, Kittharz	

Abb. 7 Die verschiedenen Berufe einer Arbeiterin (nach Duvoisin und Lehnherr, 2003).

Sie beginnen im Inneren des Stocks als Zellputzerin und später als Ammenbiene zur Madenversorgung. Die Nektarabnehmerin ist für die Herstellung und Einlagerung von Honig und die Baubiene für den Wabenbau zuständig. Die Wächterbiene wacht am Stockeingang und die Bienen mit der letztlich größten Erfahrung aufgrund ihres fortgeschrittenen Alters sind als Sammelbienen zur Beschaffung von Nektar, Pollen, Wasser und Kittharzen im Freien unterwegs.

Für die Ausübung der verschiedenen Tätigkeiten sind verschiedene Drüsen (s. Abb. 8) und Drüsensekrete nötig, die die Arbeiterin je nach Aufgabengebiet dafür ausbildet. Die Futtersaftdrüse ist für die Tätigkeit als Ammenbiene zu Beginn am stärksten entwickelt. Die Nektarabnehmerin hat im Folgenden die Giftblase zur Verteidigung ausgebildet und die Wachsdrüsen erreichen bei den Baubienen ihre maximale Größe.

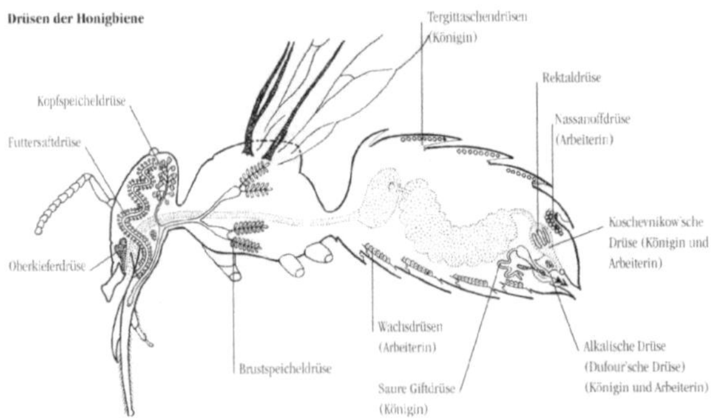

Abb. 8 Schematische Darstellung der Drüsen einer Arbeiterin (aus Lehnherr und Duvoisin, 2003).

Die Nahrung wird von der Sammelbiene mit dem Rüssel aufgenommen und in der Honigblase gespeichert (s. Abb. 9). Im Bienenstock geben die Sammelbienen ihre Nahrung durch Auswürgen an die Stockbiene weiter, die ihrerseits die Ammenbienen versorgen. Nur ein kleiner Teil der aufgenommenen Nahrung wird zur Deckung des Eigenbedarfs der Biene genutzt.

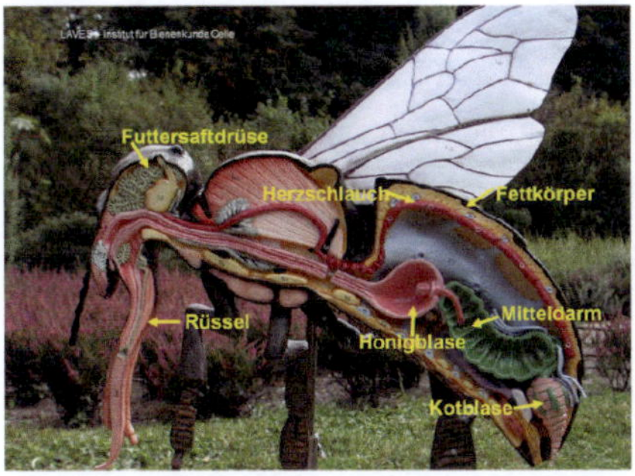

Abb. 9 Schematischer Querschnitt durch den Körper einer Honigbiene (Quelle: LAVES, Institut für Bienenkunde, Celle).

Im Mitteldarm wird die Nahrung durch Enzyme in ihre Bestandteile zerlegt, die über die Darmwand in die Hämolymphe, das „Blut" der Biene, gelangen. Diese fließt frei im Körperinneren und verteilt die Nährstoffe an die Organe. Im Fettkörper werden Reserven wie Zucker, Fette und Proteine für Mangelzeiten gespeichert. Die Kotblase dient zur Speicherung der Exkremente, die, von der Biene gesteuert durch ihr stark ausgeprägtes Hygieneverhalten, nur bei Reinigungsflügen ausgeschieden werden (Winston, 1991; Lehnherr und Duvoisin, 2003). Für die Versorgung von Larven und Königin ist bei der Ammenbiene die Futtersaftdrüse (s. Abb. 8) vom sechsten bis zum zwölften Tag ausgebildet. Hochwertiger Futtersaft aus Vitaminen, Proteinen, Fetten und Mineralstoffen wird hier gebildet und als Sekret direkt über den Mund ausgeschieden. Nach der Ammenzeit bilden sich die Drüsen zurück, dienen aber der Produktion verschiedener Enzyme, die für die Umwandlung von Nektar in Honig benötigt werden (Lehnherr und Duvoisin, 2003).

1.1.3 Bienenprodukte

Ein Bienenvolk liefert viele Produkte, die heute für unterschiedliche Zwecke genutzt werden. Jedem geläufig sind Honig und Bienenwachs. Aber auch der gesammelte Pollen sowie Gelée Royal werden als Lebensmittel angeboten und Propolis sowie das Bienengift werden als Heilmittel (in der „Apitherapie“) verwendet. Bei Gelée Royal handelt es sich um einen Futtersaft mit erhöhtem Gehalt an Aminosäuren, Nukleotiden und Vitaminen, der speziell für die Aufzucht einer Königin von den Ammenbienen produziert wird. Propolis besteht aus Baumharzen vermengt mit bestimmten Sekreten der Biene und dient als abdichtendes Kittharz im Wabenbau.

Honig

Aus Nektar und Honigtau (meist ein Ausscheidungsprodukt pflanzensaftsaugender Insekten, häufig z.B. bei Waldhonig) pflanzlichen Ursprungs erzeugen Honigbienen mit ihren enzymhaltigen Sekreten im Körper das als Honig bekannte Produkt zur Deckung des Kohlenhydrat-/Energie-Bedarfs des Volkes. Zusätzlich wird beim Sammeln des Nektars der Pollen der „besuchten“ Pflanze mit eingetragen, über den die pflanzliche Herkunft der „Honigzutaten“ ermittelt werden kann. Honig wird in großem Maße als Lebensmittel oder als Lebensmittelzutat konsumiert, findet aber auch wegen seiner antibakteriellen Wirkung durch einige Inhaltsstoffe, wie z.B. Wasserstoffperoxid oder Flavonoide, Anwendung als Naturheilmittel (Bogdanov und Matzke, 2003; Rieder und Matzke, 2003).
Der Nektar mancher Pflanzen (z.B. aus der Familie der Ericaceae oder Euphorbiaceae) kann allerdings auch Stoffe, wie z.B. Diterpene enthalten, die für den Menschen giftig sind. So kam es in verschiedenen Ländern bereits zu Honigvergiftungen beim Menschen. Es können neben den unerwünschten Stoffen aus dem Nektar weitere Verunreinigungen im Honig enthalten sein, die oft durch den Menschen selbst beispielsweise aus der Landwirtschaft (z.B. Pestizide, Insektizide), Automobilverkehr oder Industrie (z.B. Kohlenwasserstoffe, Schwermetalle) eingebracht werden (Bogdanov und Matzke, 2003).

Pollen

Setzt sich eine Pollensammlerin an einer Blüte nieder, um an den Nektar zu gelangen, bleiben an ihrem Körper Pflanzenpollen haften, die sie mit dem Nektar als Kleber zu so genannten Pollenhöschen zusammenkämmt. Pollen sind die Hauptproteinquelle der Biene. Sie werden vor allem für die Larvenaufzucht und zum Aufbau des Fettkörpers als Reserve zur Überwinterung genutzt. Gehöseltes Pollengranulat hat auch den Weg auf den menschlichen Speiseplan gefunden. Es wird wegen seines hohen Gehalts an Mineralstoffen, Vitaminen, Flavonoiden und Phytosterinen in der Nahrungsergänzung eingesetzt. Ihm wird eine aufbauende und heilende Wirkung nachgesagt (Bieri und Bogdanov, 2003; Rieder und Matzke, 2003).

So wie im Honig, können auch im Pollen pflanzeneigene giftige Substanzen und unerwünschte Verunreinigungen wie Schwermetalle und Pestizide enthalten sein (Bieri und Bogdanov, 2003).

1.2 Pyrrolizidinalkaloide

In der Pflanzenwelt existieren viele Strategien und Mechanismen, die von den Pflanzen zu ihrem eigenen Schutz und damit dem Fortbestand der Arten gegen verschiedene Feinde entwickelt wurden. Dazu zählen in besonderem Maße pflanzliche Sekundärstoffe, die Pflanzen in die Lage versetzen, sich mit chemischen Mitteln gegen Herbivoren, Mikroorganismen und Viren zu verteidigen. Ein typisches Beispiel hierfür sind die Pyrrolizidinalkaloide (PAs).

1.2.1 Vorkommen im Pflanzenreich

Mit einer Gesamtheit von bisher über 370 identifizierten Strukturen sind PAs in mehr als 560 verschiedenen Pflanzenarten zu finden und stellen somit eine sehr vielfältige Gruppe von pflanzlichen Sekundärstoffen dar.

Bei PAs handelt es sich um Esteralkaloide, die aus zwei Grundbausteinen, der Necinsäure und der Necinbase, zusammengesetzt sind (s. Abb. 10).

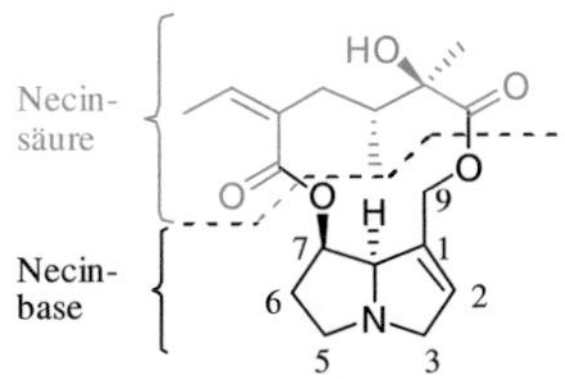

Abb. 10 Grundstruktur der Pyrrolizidinalkaloide (PAs).

Die Necinbase bildet hierbei den bizyklischen Aminoalkohol, der durch Esterbindungen mit ein oder zwei Necinsäuren an den Positionen C-7 und/oder C-9 verknüpft ist. Die Necinbase kann gesättigt oder 1,2-ungesättigt vorliegen und besitzt in den meisten Fällen an C-1 eine Hydroxymethyl-Einheit und zusätzlich an C-7 eine Hydroxy-Gruppe (Culvenor, 1978; Hartmann und Witte, 1995). Die Necinsäuren können komplexe verzweigte aliphatische Mono- oder Dicarbonsäuren oder seltener aromatische Säuren sein. Sie sind oft durch zusätzliche Methoxy-, Hydroxy-, Carboxy-, Epoxy- oder Acetoxygruppen substituiert.

Die Vielfalt an PA-Strukturen resultiert aus der Kombinationsmöglichkeit der verschiedenen Necinsäuren mit den unterschiedlichen Necinbasen (s. Abb. 10).

Verschiedene Necinbasen können als Baustein in die PA-Strukturen eingehen. Am meisten verbreitet ist hier die Base des Senecionin-Typs, das Retronecin, mit *R*-Konfiguration an C-7 (Nummerierung s. Abb. 10), in den PAs der Gattungen der Asteraceae, gefolgt von dem *S*-konfigurierten Diastereomer Heliotridin in PAs der Boraginaceae, dem 1,2-gesättigtem Platynecin- und dem Otonecin-Typ (s. Abb. 11) (Hartmann und Ober, 2008).

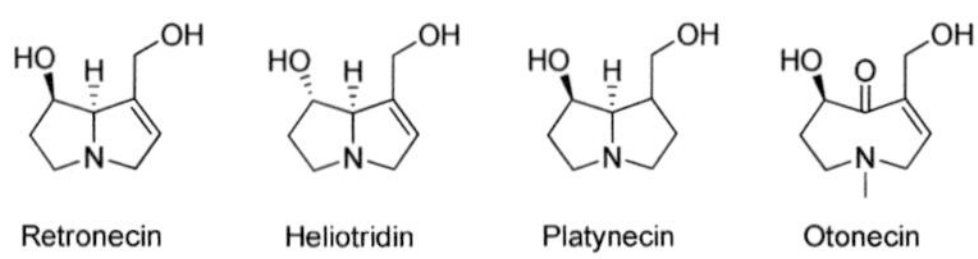

Abb. 11 Übersicht über die am meisten verbreiteten Necinbasen Retronecin, Heliotridin, Platynecin und Otonecin.

In makrozyklischen PAs sind als Basen Retronecin, Platynecin und in seltenen Fällen Otonecin zu finden. Heliotridin kann aufgrund der sterischen Hinderung durch die Hydroxygruppe an C-7 lediglich in offenkettige Strukturen eingebaut werden.

Schätzungsweise 3 % aller Blütenpflanzen besitzen PAs (Smith und Culvenor, 1981). Man findet sie vor allem innerhalb der Angiospermen in den Pflanzenfamilien der Asteraceae (Tribus Senecioneae und Eupatorieae), Boraginaceae, Apocynaceae, Fabaceae (Gattung der Crotalaria) und in wenigen Gattungen innerhalb der Orchidaceae. Die vielfältigen makrozyklischen Diester, offenkettigenen Diester und Monoester lassen sich unter Berücksichtigung chemosystematischer und biogenetischer Aspekte in fünf Strukturtypen unterteilen (s. Abb. 12) (Hartmann und Witte, 1995).

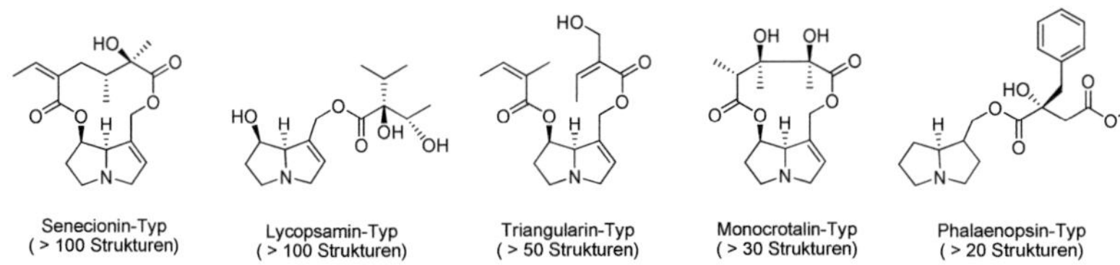

Abb. 12 Die fünf unterschiedlichen PA-Strukturtypen.

Die grundlegende Einteilung der PAs in die fünf Strukturtypen (s. Abb. 12) basiert auf der Art und der Verknüpfungsform der jeweiligen Necinsäuren.

PAs vom Senecionin-Typ kommen als zwölf-gliedrige makrozyklische Ester vor allem im Tribus Senecioneae innerhalb der Asteraceen vor, aber auch innerhalb der Fabaceae lassen sich Vertreter finden. Die verzweigten Necinsäuren in Form von C10-Körpern sind hier biogenetisch aus zwei C5-Körpern abgeleitet, die von den Aminosäuren L-Isoleucin und seltener auch vom L-Leucin abstammen.

Oft in Begleitung von Senecionin-Typ PAs zu finden sind die strukturell leicht veränderten PAs des Monocrotalin-Typ, die elf-gliedrige makrozyklische Diesterstrukturen und ebenfalls Retronecin als Basenkörper (s. Abb. 11) besitzen. Sie sind typisch für die Gattung der *Crotalaria*, konnten aber auch in einigen Spezies der Boraginaceae gefunden werden.

Ebenfalls mit zwei C5-Körpern verestert und mit dem Senecionin-Typ verwandt sind die PAs der Triangularin-Typ Gruppe (s. Abb. 12), die als Mono- oder Diester und den entsprechenden hydroxylierten Derivaten vorliegen und die offenkettigen Varianten der makrozyklischen Diester des Senecionin-Typs darstellen. Nachgewiesen wurden sie innerhalb der Senecioneae, was aufgrund der Verwandtschaft zu den Senecionin-Typ PAs wenig verwunderlich erscheint.

Neben PAs vom Senecionin-Typ bilden die PAs des Lycopsamin-Typs mit mehr als 100 Strukturen die größte Gruppe. Sie zeichnen sich durch eine große Diversität von verzweigtkettigen Mono- und Diestern aus, die an C-9 mit einer C7 Necinsäure, einer hydroxylierten 2-Isopropylbuttersäure, verestert vorliegen. Ihr Vorkommen ist auf den Tribus Eupatorieae innerhalb der Asteraceen, die Boraginaceen und wenige Arten der Apocynaceen beschränkt und sonst selten in der Natur vorzufinden.

Die mit Abstand kleinste Gruppe stellen die PAs des Phalenopsin-Typs dar, die sich klar von den anderen Gruppen unterscheiden lässt. Sie werden ausschließlich innerhalb der

Orchidaceae gebildet und sind aufgrund ihrer gesättigten Form als nicht lebertoxisch (s. Abschnitt 1.2.3) anzusehen (Hartmann und Witte, 1995; Hartmann und Ober, 2008, Hartmann und Ober, 2000).

Die meisten PA-Vertreter aus den Familien der Asteraceae, der Boraginaceae und der Fabaceae teilen sich neben der gemeinsamen 1,2-ungesättigten Necinbase eine weitere gemeinsame Besonderheit. Sie können als tertiäre und *N*-oxidierte PAs vorliegen. Nach heutigem Wissensstand synthetisieren zumindest Arten der Asteraceae PAs hauptsächlich in der Form ihrer polaren *N*-Oxide (s. Abb. 13). In der *N*-oxidierten Form werden sie auch überwiegend innerhalb der Pflanzen zu den Speicherorten transportiert und dort gespeichert (s. Abschnitt 1.2.2). Eine Ausnahme stellen die PAs des Otonecin-Typs (s. Abb. 11) dar, die aufgrund der Methylgruppe am Stickstoffatom nicht *N*-oxidiert werden können (s. Abb. 13) (Hartmann und Ober, 2000; Hartmann und Ober, 2008).

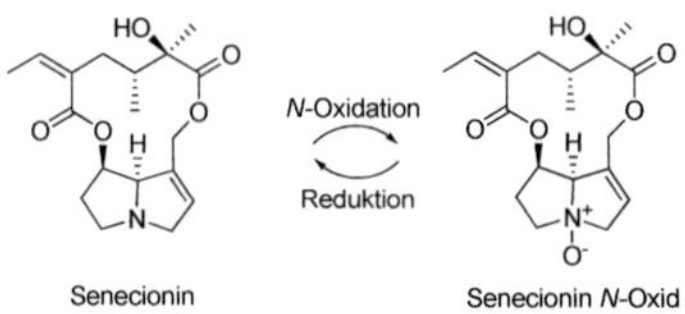

Abb. 13 Pyrrolizidinalkaloid in tertiärer und *N*-oxidierter Form am Beispiel von Senecionin.

Das tertiäre PA als freie Base und ihr *N*-Oxid sind durch Reduktion bzw. Oxidation in einander überführbar, wobei die Reduktion spontan ablaufen kann und die Oxidation in biologischen Systemen hingegen enzymatisch katalysiert wird (Hartmann und Toppel, 1987). Die *N*-Oxide besitzen einen den Aminosäuren ähnlichen polaren salzartigen Charakter im Gegensatz zu den tertiären PAs, die durch ihre lipophile Eigenschaft geprägt sind.

In den Samen von *Crotalaria* (Fabaceae) werden die PAs des Monocrotalin-Typs (s. Abb. 12) vor allem in ihrer tertiären Form gespeichert. Innerhalb der Convolvulaceae sind nur die freien Basen der 1,2-gesättigten PAs anzutreffen. Diese liegen innerhalb der Orchidaceae als Gemisch aus freier Base und *N*-Oxid (s. Abb. 13) in den Pflanzen vor (Hartmann und Witte, 1995; Frölich *et al.*, 2006).

1.2.2 Lokalisierung und Verteilung innerhalb der Pflanze

Eine wichtige Voraussetzung für pflanzliche Abwehrstoffe gegen Herbivoren und Pathogene ist eine vermehrte Akkumulation in den Pflanzenteilen, die als potentielle Angriffsstellen dienen bzw. besonderen Schutz bedürfen. Von PAs wird diese generelle Bedingung oft in vorbildlicher Art und Weise erfüllt. Profil, Ort der Biosynthese und Verteilung von PAs in PA-Pflanzen stellen sich als sehr unterschiedlich dar (Hartmann, 2009). Der Transport der PAs innerhalb der Pflanze erfolgt in Form der wasserlöslichen, polaren *N*-Oxide (s. Abb. 13), in der sie auch in allen Teilen der Pflanze in den zellulären Vakuolen gespeichert werden (Ehmke *et al.*, 1988).

Als Hauptspeicherorte sind die Knospen, später die Blüte und im Fall der *Crotalaria* (Fabaceae) die Samen zu nennen (Toppel *et al.*, 1988; Chang und Hartmann, 1998).

Ein Beispiel, an dem die Verteilung intensiv untersucht wurde, ist die Gattung *Senecio*. Die Biosynthese von Senecionin-*N*-Oxid, das die Grundstruktur und den Vorläufer vieler Derivate repräsentiert, erfolgt in den Wurzeln. Von dort wird es über das Phloem in die weiteren Pflanzenorgane verbreitet. Die vegetativen, jungen peripheren Organe besitzen generell den höchsten PA-Gehalt, der in den Blütenständen maximal ist. Im Stängel sind die PAs vorwiegend in den außenliegenden Zellschichten lokalisiert (Hartmann *et al.*, 1989). Senecionin-*N*-Oxid wird selektiv durch einen spezifischen Carrier in die Vakuolen von Zellen aufgenommen und dort akkumuliert (Ehmke *et al.*, 1988).

Innerhalb der Boraginaceae existieren Unterschiede. So sind bei *Heliotropium* die Gehalte in den Blüten und bei *Cynoglossum offizinale* in den Rosettenblättern (190-mal höher als in älteren Blättern) am höchsten (Frölich *et al.*, 2007; van Dam *et al.*, 1995).

Zu Beginn dieser Arbeit gab es keine bzw. wenig Daten über PA-Gehalte in den für eine Biene relevanten Pflanzenteilen Nektar und Pollen von PA-Pflanzen.

1.2.3 Toxizität und Metabolismus

Wie viele pflanzliche Sekundärstoffe dienen PAs als effektive chemische Abwehrstoffe mit fraßhemmender und auch toxischer Wirkung dem Schutz der Pflanze vor Herbivoren. Die abschreckende Wirkung konnte auch bei Insekten beobachtet werden (Hartmann, 1999; Hartmann und Witte, 1995; Boppré, 1986).

Bei domestiziertem Weidevieh wurden wiederholt Vergiftungsfälle dokumentiert. Sie scheinen zwar generell PA-Pflanzen zu meiden, jedoch ist dies nur solange der Fall, wie

den Tieren eine ausreichende Menge alternativer Futterquellen auf der Weidefläche zur Verfügung steht (Boppré, 1986). Möglicherweise haben sie die Fähigkeit zur Wahrnehmung der toxischen Substanzen in ihren Futterpflanzen verloren. Denn über PA-Vergiftungen von Wildtieren gibt es keine Informationen in der Literatur, was vermuten lässt, dass die fraßhemmende Wirkung der PAs hier sehr wirksam ist.
Beim Menschen wurden Vergiftungsfälle bekannt, die im Wesentlichen auf Kontamination von Getreide mit PA-haltigen Pflanzen/-teilen zurückzuführen sind. Vor allem aus weniger entwickelten Gegenden, wie beispielsweise Indien, Asien, Afrika, Jamaika und Afghanistan, sind mehrere solcher Vergiftungsfälle bekannt geworden. Doch auch die direkte Einnahme von PA-haltigem Pflanzenmaterial bzw. –extrakten in Form von Arzneimitteln (Phytopharmaka) oder Tees hat in der Vergangenheit zu Vergiftungen beim Menschen geführt (Huxtable, 1979; Wiedenfeld und Röder, 1984). Am häufigsten können die PA-Vergiftungen von Menschen auf den Verzehr von Produkten aus PA-kontaminiertem Weizenmehl zurückgeführt werden. Der letzte bekannt gewordene Fall stammt aus dem Jahr 2008 aus Afghanistan. Insgesamt 38 Fälle von Aszites (Bauchwassersucht) sind hier bekannt geworden. Als PA-Quelle konnte mit Samen von *Heliotropium*-Pflanzen kontaminiertes Weizenmehl ermittelt werden, das als Brot-Zutat von den Menschen verzehrt wurde (Kakar *et al.*, 2010).

Mechanismen der PA-Toxizität

Die Gruppe der 1,2-ungesättigen PAs weist eine mehr oder weniger stark ausgeprägte toxische Eigenschaft auf, die z.T. auch mit bestimmten strukturellen Voraussetzungen korreliert werden kann. Generell muss zwischen akuter, chronischer und Genotoxizität unterschieden werden (Culvenor *et al.*, 1976; Mattocks, 1986; Fu *et al.*, 2004). Bedingt durch die Häufigkeit ihres Vorkommens und ihrer Verfügbarkeit in reiner Form haben die Retronecin-, Heliotridin- und Otonecin-Typ PAs (s. Abb. 11) im Zusammenhang mit den toxischen Wirkungen bisher die größte Aufmerksamkeit erlangt.
Die PAs werden von Mensch oder Tier in tertiärer und *N*-oxidierter Form aufgenommen. Tertiäre PAs werden aufgrund ihres lipophilen Charakters unspezifisch resorbiert. Die hydrophilen *N*-Oxide bedürfen zur Überwindung von Zellmembranen spezifischer Carrier, werden aus diesem Grund nicht unspezifisch resorbiert und könnten leicht vom Körper ausgeschieden werden. Jedoch findet im Darm eine Reduktion der *N*-oxidierten Formen in die tertiären PAs statt (s. Abb. 14, Weg ii) (Fu *et al.*, 2004). Beide PA-Formen,

tertiär und *N*-Oxid, sind an sich ungiftig und werden erst durch Bioaktivierung in die toxisch aktiven Strukturen umgewandelt (pro-toxisch).
Die PAs in ihrer tertiären Form gelangen nach ihrer Resorption im Darm über die Blutbahn in die Leber. Dort unterliegen sie dem Xenobiotikastoffwechsel. Dieser dient generell dem Stoffwechsel körperfremder, chemischer Stoffe und wird durch Cytochrom-P450-Enzyme (vor allem CYP3A und auch CYP2B) katalysiert. Diese Phase I Enzyme dienen eigentlich der Entgiftung körperfremder Strukturen, in Form der Deaktivierung oder chemischen Modifizierung, wodurch sie in einer Phase II Reaktion mit Glutathion (GSH) oder auch anderen hydrophilen Bestandteilen verknüpft und damit ausgeschieden werden können (Hartmann, 2009).
Diesen Mechanismus kennen wir auch von Arzneimitteln, z.B. der Salicylsäure, dem historischen Vorläufer der heute verwendeten synthetischen Acetylsalicylsäure (ASS). Der Wirkstoff wird als glykosyliertes Derivat, als sogenanntes Pro-Drug eingesetzt. Nach der Abspaltung der Glucose im Darm wird der resultierende Alkohol resorbiert, gelangt unter anderem zur Leber, wo er durch die Cytochrom-P450-Oxidasen in die eigentliche wirksame Form der Säure (Drug) oxidiert wird. In weiteren Schritten wird sie durch Konjugation mit Glucuronsäure und Glycin inaktiviert und eliminiert (Forth, 1987).
Durch die unspezifische Ausrichtung der Phase I Enzyme kann es in manchen Fällen dazu kommen, dass der Mechanismus der eigentlichen Entgiftung in der Leber ins Gegenteil umschlägt, indem aus an sich untoxischen Substanzen, wie im Fall der PAs, toxische Produkte gebildet werden.

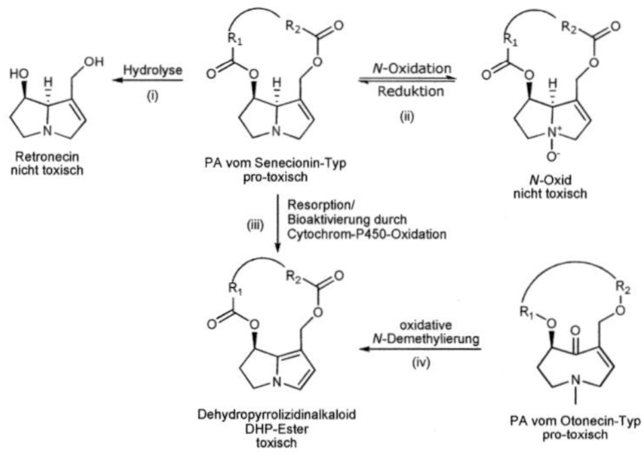

Abb. 14 Bioaktivierung und Metabolisierung pro-toxischer Pyrrolizidinalkaloide durch Cytochrom-P450-Oxidation in der Leber in die reaktiven DHP-Ester an den Beispielen der Senecionin-Typ und Otonecin-Typ PAs (nach Hartmann, 2009).

Durch die von Cytochrom-P450-Monooxigenasen katalysierte Oxidation findet in der Leber in zwei Schritten eine Bioaktivierung der PAs in Dehydropyrrolizidinalkaloide (DHP-Ester), so genannte Pyrrole, statt (s. Abb. 14, Weg iii). Ausgangspunkt für die Bioaktivierung ist das 1,2-ungesättigte tertiäre PA (Pro-Toxin). Damit ein PA in die toxikologisch wirksame Form des Pyrrols überführt werden kann, sind zusätzlich zur Doppelbindung in 1,2-Stellung mindestens eine Esterbindung an C-7 und/oder an C-9 (Nummerierung s. Abb. 10) notwendig (Wiedenfeld und Röder, 1984; Stegelmeier *et al.*, 1999).

Im Fall der am Stickstoff der Necinbase methylierten PAs vom Otonecin-Typ erfolgt eine Bioaktivierung zum DHP-Ester über eine oxidative *N*-Demethylierung (s. Abb. 14, Weg iv)(Fu *et al.*, 2004).

Bei den resultierenden Pyrrolen handelt es sich um stark alkylierende Metabolite. Durch ihre gute Eigenschaft als Abgangsgruppe, bedingt durch die beiden Esterfunktionen an den Positionen C-7 und C-9, besitzen sie einen elektrophilen Charakter. Die entstehenden reaktiven Pyrrole binden leicht an nucleophile Zellbestandteile (Nu) wie DNA und Proteine (s. Abb. 15). Als Folge eines Angriffs von einem aktivierten Diester kann es zu Quervernetzungen („cross-linking") der DNA kommen. Eine Schädigung des Lebergewebes ist die Folge. Durch den weiteren Transport der PAs in das Gewebe anderer Organe, wie z.B. der Lunge, können auch hier schädliche Wirkungen nicht ausgeschlossen werden. Einige Pyrrol-Gewebe-Addukte sind über lange Zeit hinweg stabil und es wird vermutet, dass die Pyrrole nach Abbau der DNA regeneriert und erneut mit anderen Nukleophilen an anderer Stelle neue Addukte bilden können (Stegelmeier *et al.*, 1999).

Metabolisierung und Entgiftungsmechanismen

Nach vorangegangener Resorption der PAs und ihrer Bioaktivierung zu DHP-Estern sind jedoch nicht nur Mechanismen zu erwarten, die toxische Wirkungen nach sich ziehen, sondern es bestehen auch verschiedene natürliche Wege im Rahmen der zelleigenen Abwehr, mit deren Hilfe die toxische Wirkung der Pyrrole umgangen oder zumindest in ihrem Ausmaß reduziert werden kann (s. Abb. 15, Wege i, ii und iv).

Eine häufig angewandte Verteidigungsstrategie von Zellen stellt die Verknüpfung löslicher nukleophiler Substanzen, wie das GSH mit den elektrophilen DHP-Estern dar (s. Abb. 15, Weg i). Als Produkte resultieren aus diesen Reaktionen DHP-Ester-GSH-

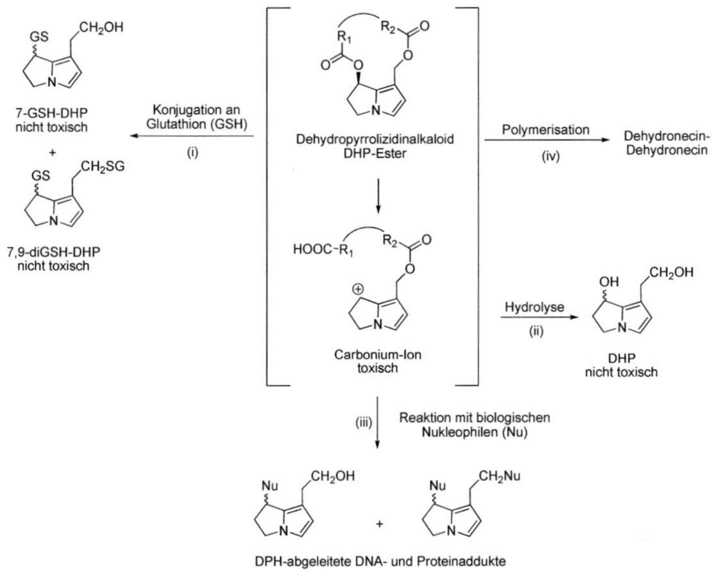

Abb. 15 Metabolisierungswege der DHP-Ester; (i) Konjugation mit löslichem GSH, (ii) Hydrolyse zur freien nicht toxischen Base DHP, (iii) Addition an nukleophile Zellbestandteile (Nu) und (iv) Polymerisation der DHP-Ester in leicht ausscheidbare Verbindungen.

Konjugate (7-GSH-DHP und 7,9-diGSH-DHP), die leicht vom Körper ausgeschieden werden können (Fu *et al.*, 2004). Eine andere Möglichkeit zur Entfernung der reaktiven Pyrrole aus den Zellen ist durch eine Polymerisation der DHP-Ester gegeben (s. Abb. 15, Weg iv). Sie führt zu polymeren Substanzen, die unschädlich sequestriert oder ebenfalls leicht ausgeschieden werden können (Stegelmeier *et al.*, 1999).

Des Weiteren können aus den Pyrrolestern durch Hydrolyse der Esterbindungen mittels Esterasen die entsprechenden Dehydroalkohole gebildet werden (s. Abb. 15, Weg ii). Diese sind weniger reaktiv und können zusätzlich leichter über Ausscheidung aus dem Körper entfernt werden (Fu *et al.*, 2004; Hartmann, 2009).

In Konkurrenz zu dem Mechanismus der Bioaktivierung von aufgenommenen PAs (s. Abb. 14, Weg iii) existieren auch Wege zur Entgiftung der PAs (s. Abb. 16). Zum einen besteht die Möglichkeit der Hydrolyse der Esterbindungen an C-7 und C-9, was zu der entsprechenden Necinsäure und Necinbase führt (Weg i). Zum anderen kann das tertiäre PA durch eine *N*-Oxidation der Necinbase in das korrespondierenden *N*-Oxid umgewandelt werden (Weg ii).

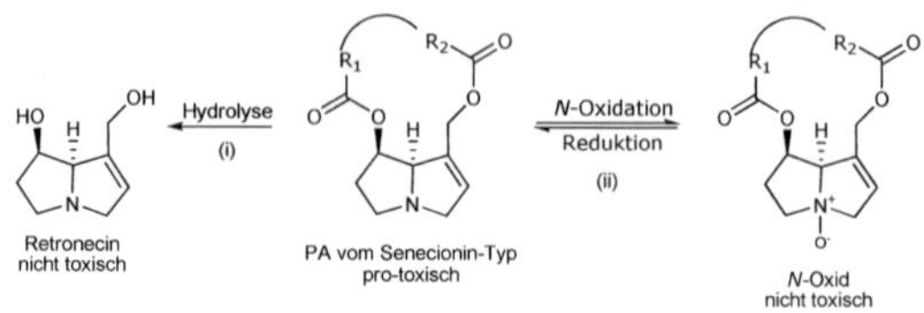

Abb. 16 Entgiftungswege von PAs am Beispiel der Senecionin-Typ PAs; (i) Hydrolyse des PAs durch Spaltung der Esterbindungen an C-7 und C-9, (ii) *N*-Oxidation des PAs.

Für PAs vom Otonecin-Typ (s. Abb. 11) kommt hinsichtlich der entgiftenden Metabolisierung der PAs an sich nur Weg (i) (s. Abb. 16) in Frage. Eine *N*-Oxidation am zyklisch gebundenen Stickstoff ist aufgrund der Anwesenheit der Methylgruppe in diesem Fall nicht möglich. Die Bildung des Dehydropyrrolizidinalkaloids im Rahmen der Bioaktivierung hingegen geschieht im Fall der Otonecin-Typ PAs über eine oxidative *N*-Demethylierung im ersten und einem Ringschluss im zweiten Schritt (s. Abb. 14). Folglich ist für diese PAs zusätzlich zur Hydrolyse auch die bereits erwähnte entgiftende Metabolisierung der DHP-Ester nach erfolgter Bioaktivierung der PAs in leicht ausscheidbare GSH-Konjugate (s. Abb. 15, Weg i oder iv) möglich (Fu *et al.*, 2004).
Alle vorgestellten Metabolisierungs- und Entgiftungswege sind je nach Lebewesen unterschiedlich stark ausgeprägt. So sind Gattungen wie Schafe, Ziegen, Kaninchen und Meerschweinchen wesentlich toleranter gegenüber PA-Vorkommen in ihrem Futter als z.B. Pferde, Rinder und Ratten, die nach einer PA-Aufnahme wesentlich schneller Vergiftungserscheinungen zeigen. Dies lässt sich dadurch erklären, dass jedes Lebewesen die bioaktivierenden und entgiftenden Enzymsysteme in unterschiedlichen Kombinationen und Mengen besitzt. Welche Metabolisierungswege beschritten werden oder dominieren ist somit individuell spezifisch und kann nicht verallgemeinert werden (Mattocks, 1986).
Für ein paar Säugetiere ist die Überführung der pro-toxischen tertiären PAs in ihre nicht toxischen *N*-Oxide als eine Entgiftungsmöglichkeit belegt worden. Bei Meerschweinchen und Schafen ist dieser Weg durch mikrosomale flavinhaltige Monooxigenasen beschrieben (Miranda *et al.*, 1991; Huang *et al.*, 1998; Fu *et al.*, 2004). Die *N*-Oxidierung in der Leber der Meerschweinchen dominiert sogar über die von Cytochrom-P450-Enzymen katalysierte Bioaktivierung. Dadurch lässt sich die hohe Toleranz von Meerschweinchen gegenüber den toxischen Wirkungen von Pyrrolizidinalkaloiden erklären (Miranda *et al.*, 1991).

Akute und chronische Toxizität

Die akute Wirkung bei Wirbeltieren, die durch PA-Intoxikation auftreten können, ist im Wesentlichen durch massive Hepatotoxizität und hämorrhagische Nekrosen gekennzeichnet (Mattocks, 1986; Fu *et al.*, 2004).

Das Ausmaß der zu erwartenden Toxizität hängt grundsätzlich von der Struktur des entsprechenden PAs ab (Stegelmeier *et al.*, 1999). So wurden Unterschiede in der akuten Toxizität, bedingt durch die Veresterungen beider Hydroxygruppen der Necinbase sowie durch das zusätzliche Vorliegen einer Doppelbindung im Teil der Necinsäure in α,β-Stellung zum Ester festgestellt (Wiedenfeld und Röder, 1984).

In grundlegenden Arbeiten von Mattocks *et al.* sind die Struktur-Wirkungsprinzipien der Säugetiertoxizität untersucht worden. Demnach ist die Geschwindigkeit der Bildung der toxischen Pyrrole in der Leber je nach PA-Struktur unterschiedlich. Die Menge gebildeter Pyrrole in einer bestimmten Zeit spiegelt die Stärke der hepatotoxischen Wirkung eines PAs wieder (Mattocks, 1986).

Zusammengefasst lässt sich sagen, dass die akute Toxizität bei makrozyklischen Diester-PAs am höchsten ist, gefolgt von den offenkettigen Diestern und letztlich bei Monoestern am geringsten ist. Gemeinsam besitzen die makrozyklischen und die offenen Diester die Fähigkeit zur Ausbildung zweier elektrophiler Angriffsstellen aufgrund der zwei leicht zu spaltenden Estergruppen. Die Toxizität der makrozyklischen Diester wird zusätzlich noch durch die sterische Hinderung im gesamten Molekül verstärkt, wodurch Esterasen, die zur Entgiftung von PAs beitragen, die Necinsäuren nur mit verminderter Geschwindigkeit abspalten können (s. Weg ii, Abb. 15) (Culvenor *et al.*, 1976).

Den freien Necinbasen wie Retronecin ist ein deutlich vermindertes toxisches Potential zuzuordnen, da sie durch die fehlenden Estergruppen eine deutlich schwächere elektrophile Eigenschaft besitzen als ihre veresterten Derivate (Mattocks, 1986; Stegelmeier *et al.*, 1999; Fu *et al.*, 2004).

Chronische Vergiftungen verursachen verschiedene Funktionsstörungen sowie zelluläre Anomalien und auch Kanzerogenität ist nicht auszuschließen (Hartmann, 2009). Die Langzeitfolgen sind hauptsächlich in Form von Leber-, Lungen- und Blutgefäßschäden festzustellen, in selteneren Fällen treten aber auch Schäden in Niere, Gastrointestinal-trakt, Pankreas und Knochenmark auf. Es kommt zu Venenverschluss in Leber und Lunge, Hemmung der Zellteilung (Mitose), Zellvergrößerung (Megalozytose),

Leberzirrhose, Geschwulsten und sogar zur Bildung von Karzinomen (Wiedenfeld und Röder, 1984; Mattocks, 1986; Fu *et al.*, 2004).

PA-Toxizität bei Insekten

Bisher ist noch nicht viel über die Metabolisierung von PAs in herbivoren Insekten und darüber bekannt, welche körpereigenen Mechanismen hierbei eine Rolle spielen. Insekten besitzen Mechanismen zur Biotransformation von Xenobiotika mit Cytochrom-P450-Enzymen, die denen von Säugetieren recht ähnlich sind. Folglich ist bei nicht angepassten Insekten eine ähnliche Toxizität wie bei Säugetieren zu erwarten (Schuler, 1996). Dies mag der Grund dafür sein, dass PA-Pflanzen von diesen Insekten nicht gefressen werden (Boppré, 1986).
Als Folge der Bioaktivierung von PAs in reaktive Pyrrol-Ester kann eine Reihe von genotoxischen Wirkungen auftreten. Dazu gehören DNA-Bindung und -Quervernetzung, DNA-Strangbrüche, Mutagenität, chromosomale Fehlentwicklung, Schwesterchromatidenaustausch, Teratogenität und Karzinogenität (Fu *et al.*, 2004). Die Bildung von DNA-Addukten, DNA-Quervernetzung und DNA-Strangbrüchen kann zu Gen- und Chromosomenmutationen führen, was die Initiation, Promotion und Formation von Tumoren zur Folge haben kann (Chen *et al.*, 2010).
Frei *et al.* konnten auf indirektem Weg das genotoxische Potential von PAs nachweisen. Insgesamt 16 PAs in der 1,2-ungesättigten Form wurden in *in vivo* Tests der Fruchtfliege *Drosophila melanogaster* zur oralen Aufnahme angeboten. Hierbei stand die Genotoxizität von PAs im Fokus, die sich in Form von somatischen Mutationen und mitotischen Rekombinationen in den sich entwickelten Flügeln der Insekten äußerte. Mit Ausnahme eines PAs konnte allen getesteten PAs eine genotoxische Wirkung nachgewiesen werden, die in ihrem Ausmaß abhängig von der chemischen Struktur des entsprechenden PAs war (Frei *et al.*, 1992).

1.2.4 Interaktion zwischen Pyrrolizidinalkaloiden und Insekten

Ein gutes Beispiel für die Anpassungsfähigkeit von Insekten an ihre Umwelt stellt der Umgang mit PAs dar. Durch ihr Vorkommen in Pflanzen verschiedenster Gattungen zeigen PAs eine hohe Präsenz in der Natur, was das Aufeinandertreffen von Insekten mit diesen Pflanzeninhaltsstoffen als direkte Folge nach sich zieht. Wie bereits in den

Abschnitten 1.2.2 und 1.2.3 dargelegt, dienen die PAs der chemischen Abwehr einer Pflanze gegen Herbivoren, vor allem Insekten.

Die Interaktionen zwischen den PAs und den Insekten lassen sich in drei Möglichkeiten unterteilen. (i) PAs wirken abschreckend. PA-führende Pflanzen werden dadurch von Herbivoren gemieden (Boppré, 1986). (ii) Angepasste Generalisten unter den Insekten tolerieren PAs und können deshalb PA-Pflanzen unbeschadet konsumieren. Sie sind in der Lage die toxische PA-Wirkung zu kontrollieren, z.B. durch eine wirkungsvolle Exkretion der resorbierten PAs. (iii) Einige spezialisierte Insekten sind sogar dazu in der Lage, PAs aus der Pflanze aufzunehmen und zu speichern (Sequestrierung der PAs). Sie nutzen die pflanzlichen PAs zu ihrer eigenen Verteidigung gegen Insektivoren wie Vögel und Raubinsekten.

Generalisten nutzen ein breites Spektrum an Nahrungspflanzen, in das auch PA-haltige Pflanzen einbezogen werden. Bei Spezialisten hingegen handelt es sich um herbivore Insekten, die sich hinsichtlich ihrer Nahrungsbeschaffung auf spezielle Wirtspflanzen beschränken.

Nicht angepasste Herbivoren, wie z.B. auch herbivore Säugetiere, besitzen zumeist keine wirksamen körpereigenen Entgiftungsmechanismen gegenüber aufgenommenen PAs und können Vergiftungen erleiden. Dies gilt auch für die vom Menschen domestizierten Tiere, wie Rinder und Pferde. Im Laufe ihrer Domestizierung haben diese Tiere oft die Fähigkeit verloren, giftige Pflanzen sensorisch zu erkennen. In der freien Wildbahn meiden diese Tiere für gewöhnlich jedoch PA-haltige Pflanzen, wenn genügend ungiftiges Futter zur Verfügung steht (Möglichkeit (i), s.o.) (Boppré, 1986; Hartmann und Witte, 1995).

Beispiele für auf PAs spezialisierte Insekten (Spezialisten) lassen sich bei Schmetterlingen, Nachtfaltern, Blattkäfern und Heuschrecken finden. Die Strategien mit denen diese Insekten der toxischen Wirkung von PAs entgehen, sind unterschiedlich (Boppré, 1986; Hartmann und Witte, 1995; Hartmann, 1999; Hartmann und Ober, 2000). Ein Beispiel für die Möglichkeit (ii) stellt die effektive Exkretion aufgenommener PAs dar, bevor sie in den CYP450-Metabolismus eingehen können. *Spodoptera littoralis* (Noctuidae) toleriert aufgenommene PAs aber sequestriert diese nicht. Die PA-*N*-Oxide aus der Pflanze werden unter den anaeroben Bedingungen im Darm spontan zur freien Base reduziert, aufgrund der resultierenden lipophilen Eigenschaft passiv über die Zellmembran hindurch in die Hämolymphe transportiert und letztlich nach einer Re-*N*-Oxidation effektiv ausgeschieden (Lindigkeit *et al.*, 1997; Hartmann und Ober, 2000).

Die Strategien zur Sequestrierung (Möglichkeit (iii), s.o.) von PAs variieren zwischen den unterschiedlichen Spezialisten. Im Fall einiger Nachtfalter, wie *Tyria jacobaeae* und *Creatonotos transiens* (Arctiidae), sequestrieren die Raupen aufgenommene PAs ihrer Wirtspflanzen (*Jacobaea vulgaris*) nach Reduktion, Resorption und *N*-Oxidierung. Die PAs werden als nicht toxisches *N*-Oxid im weiteren Entwicklungsverlauf erst in die Puppe, dann in die adulten Insekten und letztlich durch die Paarung in die Eier transferiert. Bei den spezialisierten Tagfaltern, wie bei den meisten Danaiden und nahezu allen neotropischen Ithomiinae, nehmen die Insekten die PAs als adulte Falter auf. Sie werden pharmakophag durch PAs in Pflanzen stimuliert. Durch Einspeicheln abgestorbener Pflanzenteile extrahieren sie die pflanzlichen PAs, nehmen sie mit dem Rüssel auf und sequestrieren sie. Die taxonomisch nicht mit den Faltern verwandte polyphage Heuschrecke *Zonocerus variegatus* (Pyrgomorphidae) nimmt pflanzliche PAs in allen Entwicklungsstadien zu sich (Hartmann und Ober, 2008).

Die Gemeinsamkeit dieser Spezialisten stellt die einheitliche Strategie der effektiven Sequestrierung der pflanzlichen PAs in der Form ihrer ungiftigen *N*-Oxide dar. Unabhängig davon, in welcher Form sie die PAs aufnehmen, schützen sie sich aufgrund der Fähigkeit zur Umwandlung der tertiären PAs durch *N*-Oxidierung mit Hilfe eines spezifischen Enzyms in die entsprechenden *N*-Oxide im Körper selbst. Nach Reduktion der PA-*N*-Oxide im Darm werden die freien Basen passiv in die Hämolymphe aufgenommen. Dort wird eine erneute *N*-Oxidierung durch eine NADPH-abhängige Monooxygenase (Senecionin-*N*-Oxygenase, SNO) katalysiert (Naumann *et al.,* 2002). Als *N*-Oxide werden die PAs im Körper gespeichert und dienen den Insekten als eigene Abwehrstoffe gegen insektivore Feinde (Ehmke *et al.,* 1990; Lindigkeit *et al.,* 1997; Hartmann und Ober, 2008).

Eine weitere Strategie zum Umgang mit PAs machen sich z.B. die Blattkäfer *Platyphora boucardi* und *Oreina cacaliae* (Chrysomelidae) in Form einer Abwehrstrategie zu Eigen. Die PAs werden von ihnen in exokrinen Drüsen angehäuft und bei Angriff durch einen Insektivoren in Sekrettröpfchen zur Abwehr präsentiert. *O. cacaliae* verwendet dabei die *N*-Oxide, die im Darm resorbiert, über körpereigene Mechanismen sequestriert und in den exokrinen Drüsen konzentriert werden. Eine Reduktion im Darm wird unterbunden und eventuell aufgenommene tertiäre PAs werden durch *O*-Glucosidierung effizient entgiftet. *P. boucardi* hingegen enthält aufgenommene PAs in tertiärer Form nur im Wehrexkret. Eine eigene Vergiftung durch möglicherweise aufgenommene tertiären PAs wird durch einen schnellen Transport und Speicherung in die exokrinen Drüsen vermieden (Hartmann *et al.*, 1999; Hartmann und Ober, 2000).

PA-haltige Pflanzen wie z.B. *Echium vulgare* (Gewöhnlicher Natternkopf) stellen auch für die Honigbiene eine attraktive Futterquelle dar, was über den Nachweis von *Echium*-Pollen in Honig belegt ist (Kempf *et al.*, 2008). Somit stellt sich in diesem Zusammenhang die Frage, ob und wie Honigbienen mit PAs umgehen können. Während hinsichtlich der Wirkung von Pestiziden auf Honigbienen, auch aufgrund bestehender gesetzlicher Regelungen in diesem Bereich, einige Studien durchgeführt wurden, gibt es bis dato nahezu keine Informationen darüber, welchen Einfluss natürliche Pflanzentoxine auf Honigbienen haben oder ob sie ihr Verhalten beeinflussen können.

2 Ausgangslage und Fragestellung

Bereits aus den 70er und den 80er Jahren gibt es Publikationen über das Vorkommen von Pyrrolizidinalkaloiden (PAs) aus *Senecio jacobaea* und *Echium plantagineum* in Honig (Deinzer *et al.*, 1977; Culvenor *et al.*, 1981). In einem Übersichtsartikel haben Kempf *et al.* bisher veröffentlichte PA-Vorkommen in Honig und Pollen zusammengestellt, die mit verschiedenen analytischen Methoden (LC-MS, GC-MS) ermittelt wurden (Kempf *et al.*, 2010a). Die PA-Gehalte in den Honigen variieren deutlich. Als Extremwert ragt in weiteren Veröffentlichungen eine gefundene Menge von 13019 µg/kg Honig als Retronecin-Äquivalente (RÄ) heraus. Als PA-Quelle konnte *Jacobaea vulgaris* (früher *Senecio jacobaea*) nachgewiesen werden (Kempf *et al.*, 2010b).

In PA-haltigem Honig sind die Pollen PA-führender Pflanzen in mehr oder weniger großem Ausmaß vorhanden. Mit Hilfe mikroskopischer Untersuchungen konnten Kempf *et al.* in PA-positiven Honigen native Pollen als eine mögliche Quelle für PAs im Honig nachweisen. Hierbei handelte es sich im Wesentlichen um *Echium*- und *Eupatorium*-Pollen (Kempf *et al.*, 2008).

Dies liefert einen deutlichen Hinweis darauf, dass PA-Pflanzen der Honigbiene als potentielle Bienenweide und Nektarlieferanten dienen. Als häufigste Vertreter müssen hier die Spezies der Gattung *Echium* hervorgehoben werden. Aber auch *Senecio* spp., *Borago* spp. und *Eupatorium* spp. können in diesem Zusammenhang genannt werden (Edgar *et al.*, 2002).

Neuere Ergebnisse in der Literatur liefern zusätzlich Informationen über PA-Gehalte in nativen Pollen und gehöselten Bienenpollen. In einem Übersichtsartikel haben Kempf *et al.* die Ergebnisse hierzu zusammengestellt (Kempf *et al.*, 2010a). Die Daten wurden über die Anwendung unterschiedlicher analytischer Bestimmungsmethoden gewonnen und können daher nicht direkt sondern nur in ihren Kernaussagen miteinander verglichen werden. Beispielhaft sind die Ergebnisse der Untersuchungen nativer Pollen von Kempf *et al.* in Tabelle 1 in Retronecin-Äquivalenten (RÄ) angegeben.

Tabelle 1 PA-Gehalte [mg/g RÄ] verschiedener nativer Pflanzenpollen (nach Kempf *et al.*, 2010c).

PA-Pflanze	**PA-Gehalt [mg/g RÄ]**
Senecio vernalis	4,1
Jacobaea vulgaris (früher *Senecio jacobaea*)	3,3
Eupatorium cannabinum	0,6
Echium vulgare	0,9
Phalaenopsis „Hybriden"	0,6

Zusätzlich wurden von Kempf *et al.* verschiedene kommerziell erhältliche Pollenprodukte, die nach Reinigung und Trocknung von gehöselten Bienenpollen zur Nahrungsergänzung in Supermärkten, Apotheken und über das Internet angeboten werden, auf PAs untersucht. Über mikroskopische Untersuchungen wurde herausgefunden, dass wie bei den PA-haltigen Honigen vorwiegend Pollen von *Echium* aber auch *Eupatorium* die häufigsten Vertreter darstellen (im Schnitt ca. 50 %) (Kempf *et al.*, 2010c).

Honig stellt nicht nur ein Lebensmittel an sich dar, sondern wird auch als Lebensmittelzutat in vielfältiger Weise, z.B. in Babynahrung, Met (Honigwein), Fruchtsaftgetränken, Müsliprodukten und verschiedenen Süßwaren, verwendet. Neuere Untersuchungen konnten zeigen, dass eine Downstream-Kontamination von PAs in die Lebensmittel durch PA-haltigen Honig und Pollen eintreten kann. Das Ausmaß hängt letztendlich vom Honiganteil im Lebensmittel ab (Kempf *et al.*, 2010d).

Inwieweit die PAs im Honig dem eingetragenen Nektar einer Pflanze entstammen, wurde bisher nicht untersucht. Es existieren lediglich Vermutungen, die auf dem positiven PA-Nachweis in den Honigproben basieren (Deinzer *et al.*, 1977).

Die Bestimmung von qualitativen und quantitativen PA-Gehalten im Nektar gestaltet sich in zweierlei Hinsicht als schwierig. Zum einen besteht beim Vordringen zum Nektarort (Nektarien) in der Blüte die Gefahr, das PA-haltige Gewebe in der Umgebung zu verletzten, so dass PAs in den Nektar übergehen. Zum anderen ist eine „Kontamination" von Nektar mit dem teilweise sehr stark PA-haltigen Pollen nicht auszuschließen.

Als Überträger PA-haltiger Pollen bzw. Nektars in den Honig muss der Honigbiene eine bedeutende Rolle zugeordnet werden.

Während über Vergiftungen von Honigbienen durch in der Landwirtschaft eingesetzte Pestizide bereits eine Vielzahl an Studien durchgeführt wurden (eine beispielhafte Übersicht dazu ist im Review von Barnett *et al.*, 2007 gegeben), gibt es bis dato nahezu keine Informationen darüber, welchen Einfluss sekundäre Pflanzentoxine, wie z.B. PAs auf Honigbienen haben können. Das bereits zu Beginn dieses Abschnitts erwähnte häufige Vorkommen von *Echium*-Pollen in Honig liefert klare Hinweise darauf, dass die Honigbiene diese PA-haltige Pflanze als Nahrungsquelle nutzt.

Im Rahmen dieser Arbeit wird der Frage nachgegangen, welchen Einfluss toxische, pflanzliche PAs auf Honigbienen haben können. Zusätzlich soll der PA-Gehalt in verschiedenen Pflanzenorganen von *E. vulgare* untersucht werden, speziell in Pollen und Nektar, die bekanntermaßen häufig von Bienen genutzt werden.

Auf Grundlage des oben skizzierten Wissens sollten im Rahmen dieser Arbeit die folgenden Fragen bearbeitet werden:

- Wie sind die PAs in verschiedenen Organen, vor allem Blüten von *E. vulgare* verteilt?
- Sind im Nektar der Futterpflanze von Honigbienen *E. vulgare* PAs enthalten?
- Welche PA-Gehalte liegen in den von der Biene als Nahrung genutzten Pollen und im Nektar vor?
- Können Bienen den PA-Eintrag ins Bienenvolk durch Erkennen und bewusste Vermeidung der PA-haltigen Nahrung steuern?
- Sind PAs für adulte Bienen oder Bienenlarven toxisch?
- Stellen PAs in Honig und Honigprodukten eine Gefahr für das Bienenvolk dar?

3 Ergebnisse

3.1 Pyrrolizidinalkaloide in *Echium vulgare*

Im Rahmen von Honig-Untersuchungen auf eine Belastung mit PAs wurden in einigen PA-positiven Proben Pollen von *E. vulgare* gefunden (Kempf *et al.*, 2008; Kempf *et al.*, 2010c). Auch *Echium*-PAs konnten nachgewiesen werden (Kempf *et al.*, 2010b). Weitere Untersuchungen haben ergeben, dass *Echium*-Pollen einen PA-Gehalt von 0,35 mg/g (angegeben als Lasiocarpin-Äquivalente) besitzt (Boppré *et al.*, 2008).

Das Vorkommen von Pollen aus *E. vulgare* im Bienenprodukt Honig deutet auf die Attraktivität dieser Pflanze als Futterquelle für Honigbienen hin (Culvenor *et al.*, 1981; Edgar *et al.*, 2002). Auch eigene Beobachtungen an *Echium*-Pflanzen in der freien Natur haben eine häufige Besuchsquote von Bienen an diesen Pflanzen gezeigt, wie dem Foto in Abb. 17 entnommen werden kann.

Abb. 17 Nektarsaugende Bienen an Blüten von *E. vulgare*

Im Fokus standen die Gehalte in von der Biene genutztem Pollen und Nektar. Die PAs in den Blüten, Blättern, Stängeln, Wurzeln, Pollen und im Nektar wurden mit Hilfe von LC-MS-Messungen (s. Abschnitt 6.19) identifiziert und ihre Alkaloid-Profile erstellt. Durch die Anwendung einer LC-MS-Methode wurde der Vorteil genutzt, durch die höhere Empfindlichkeit die Einzelstrukturen auch in geringen Mengen qualitativ zu erfassen. Ebenfalls von Vorteil war die Möglichkeit, die tertiären und *N*-oxidierten Formen in einem Schritt nebeneinander identifizieren zu können. Zusätzlich zu den Alkaloid-

Profilen wurden die PA-Gesamtgehalte in RÄ als Summenparameter für die Pflanzenorgane mittels GC-MS (s. Abschnitt 6.18.1) quantitativ bestimmt. Mit dieser Methode werden die toxisch relevanten 1,2-ungesättigten PAs als Summe quantifiziert. Zur Untersuchung von Honig und Pollenprodukten auf PA-Gehalte wurde diese Methode entwickelt, die in diesem Zusammenhang regelmäßig angewandt wird (Kempf *et al.*, 2008; Kempf *et al.*, 2010c).

3.1.1 Alkaloid-Profile in E*chium vulgare*

Analysiert wurde in einer Momentaufnahme ein Gemisch aus fünf voll in Blüte stehenden *E. vulgaris*-Pflanzen (s. Abschnitt 6.2.2).

Mit Hilfe flüssigkeitschromatographischer Untersuchungen in Kombination mit massenspektroskopischen Analysen (LC-MS, ESI-MS) wurde sowohl die Identifizierung der in den Pflanzenorganen, Pollen und Nektar enthaltenen PAs als auch die Erstellung eines PA-Profils für jedes Pflanzenorgan vorgenommen.

Insgesamt vier Peaks wurden chromatographisch voneinander getrennt. Unter jedem Peak lagen zwei Substanzen, jeweils die tertiäre und die *N*-oxidierte Form eines PAs. Diese PA-Paare konnten unter den chromatographischen Bedingungen nicht vollständig voneinander getrennt werden. Zur Veranschaulichung ist in Abb. 18 ein LC-MS-Chromatogramm der *Echium*-Pollen als Beispiel dargestellt.

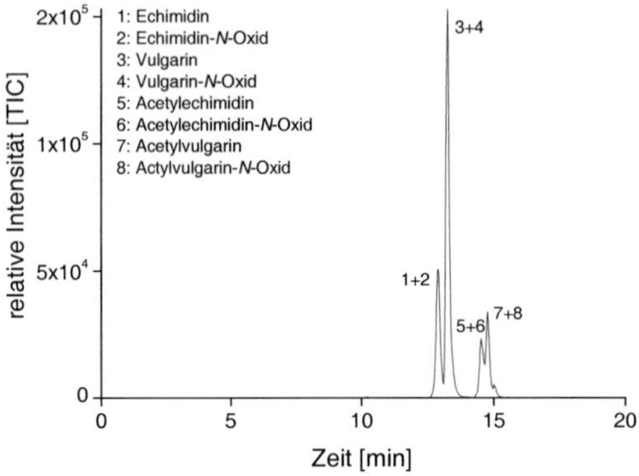

Abb. 18 LC-MS-Chromatogramm von Pollen aus *E. vulgare* mit den acht identifizierten PAs.

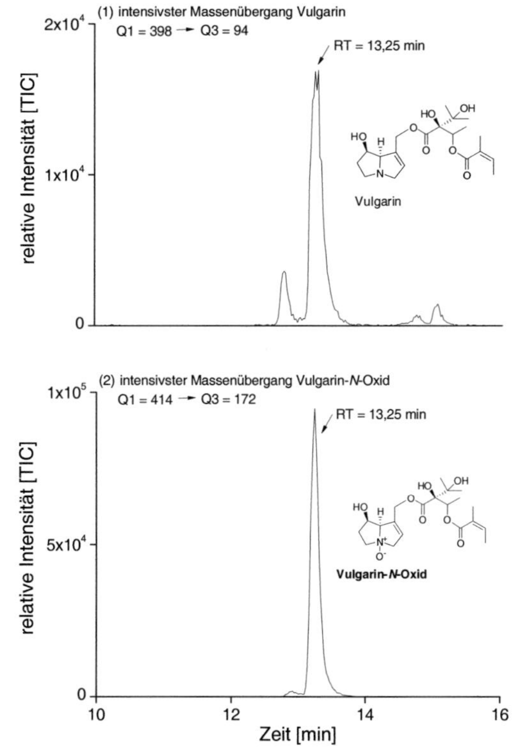

Abb. 19 Die spezifischen LC-MS-Ionenspuren (gewonnen über die Fragmente mit den intensivsten Massenübergängen) der co-chromatographierenden PAs Vulgarin (Q1=398 → Q3=94) (1) und Vulgarin-*N*-Oxid (Q1=414 → Q3=172) (2).

Über die zusätzliche massenspektrometrische Messung konnte zwischen den jeweils zwei co-eluierenden PA-Formen unterschieden werden. Am Beispiel des zweiten Peaks (s. Abb. 18) mit Vulgarin (3) und Vulgarin-*N*-Oxid (4) sind in Abb. 19 die beiden LC-MS-Ionenspuren dargestellt, die über die unterschiedlichen Fragmente mit den intensivsten Massenübergängen beider PA-Strukturen gewonnen wurden.

Aufgrund der Co-Chromatographie konnte zwischen der tertiären und *N*-oxidierten Form chromatographisch nicht unterschieden werden. Über ihre potonierten Molekülionen $[M+H]^+$ (Vulgarin = 398, Vulgarin-*N*-Oxid = 414) und die daraus resultierenden spezifischen Fragmentierungsmuster (s. Tabelle 2) können sie massenspektrometrisch auseinandergehalten werden.

Zur Identifizierung der PAs wurden die chromatographischen und massenspektrometrischen Ergebnisse zusammen mit den Daten aus der Literatur (Boppré *et al.*, 2005; Betteridge *et al.*, 2005; Colegate *et al.*, 2005) genutzt. Mit den beiden Standardsubstanzen Echimidin und Echimidin-*N*-Oxid wurden LC-ESI-MS-MS-Messungen durchgeführt, die als Vergleich herangezogen wurden. Zum anderen konnte über die Bestimmung der protonierten Molekülionen, der spezifischen Fragmentierungsmuster und den Vergleich mit Daten aus der Literatur auf die weiteren PAs in *E. vulgare*-Extrakten geschlossen werden (methodische Details s. Abschnitt 6.4.2). Insgesamt vier verschiedene PAs, jeweils in tertiärer Form und als *N*-Oxid, konnten in den Pflanzenorganen nachgewiesen werden (s. Tabelle 2).

Tabelle 2 PAs in *E. vulgare* mit ihren protonierten Molekülionen $[M+H]^+$ (Q1) und spezifischen Fragmentierungsmustern (Q3). Identifizierung über LC-ESI-MS-MS-Messungen (s. 6.4.2).

PA	**[M+H]+**	**Fragmente**
Echimidin	398	120, 220, 336
Vulgarin	398	94, 138, 240
Echimidin-N-Oxid	414	220, 254, 352
Vulgarin-N-Oxid	414	172, 256, 314
Acetylechimidin	440	120, 138, 220, 322
Acetylvulgarin	440	180, 282
Acetylechimidin-N-Oxid	456	220, 254, 338, 396
Acetylvulgarin-N-Oxid	456	298, 356

In Abb. 20 sind die Strukturen der in *E. vulgare* identifizierten PAs in der tertiären Form dargestellt. Diese wurden bereits in verschiedenen vorangegangenen Untersuchungen in *Echium*-Pflanzen und in *Echium*-Honig neben weiteren PAs gefunden, wie den Daten aus der Literatur entnommen werden kann (Boppré *et al.*, 2005; Colegate *et al.*, 2005; Betteridge *et al.*, 2005). Die ermittelten PA-Profile variieren abhängig von der *Echium*-Pflanze, und auch durch die regionale Herkunft werden natürliche Schwankungen in der genauen PA-Zusammensetzung hervorgerufen. So ergaben diese Untersuchungen von *E. vulgare* ebenfalls eine leicht veränderte PA-Zusammensetzung im Vergleich zu den einzelnen Veröffentlichungen. Die Haupt-PAs (als *N*-Oxide) Vulgarin, Echimidin, Acetylvulgarin und Acetylechimidin wurden in den anderen Untersuchungen ebenfalls gefunden. Der größte Unterschied bestand darin, dass Boppré *et al.* und Betteridge *et al.* als dominantesten Vertreter Echivulgarin-*N*-Oxid identifiziert haben (Boppré *et al.*,

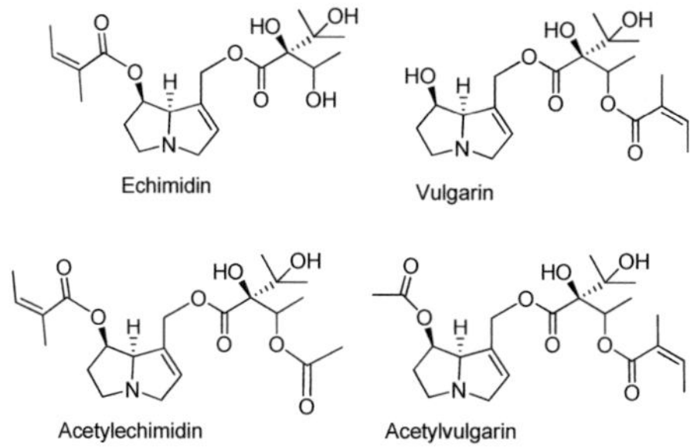

Abb. 20 Identifizierte PAs in *E. vulgare* in der tertiären Form.

2008; Betteridge *et al.,* 2005). Dieses PAs wurde in den eigenen Untersuchungen nicht ausgemacht. Übereinstimmend mit den anderen Ergebnissen lagen die PAs überwiegend in *N*-oxidierter Form vor.

Eine direkte Quantifizierung der Einzelstrukturen mittels LC-MS stellte sich als nicht sinnvoll heraus. Die Gründe hierfür lagen darin, dass viele authentische Referenzsubstanzen der zu quantifizierenden *Echium*-PAs nicht verfügbar waren. Lediglich auf Echimidin und Echimidin-*N*-Oxid konnte zugegriffen werden. Bei einer Quantifizierung über LC-ESI-MS-MS ist zu berücksichtigen, dass die Ionenausbeuten stark strukturabhängig sind, so dass die Signalintensität nicht direkt der Stoffmenge der unterschiedlichen PAS proportional ist. Die Referenzsubstanzen müssten bei der Quantifizierung entweder zur Erstellung von Kalibriergeraden oder als Probenzusatz in einer Standardadditions-Methode eingesetzt werden.

Stattdessen wurde ein Verteilungsmuster der identifizierten PAs in den einzelnen Pflanzenorganen über Zuhilfenahme der Peakflächen, die über die jeweils intensivsten Massenübergänge (s. Abschnitt 6.4.2) ermittelt wurden, erstellt (s. Abb. 21). Die Bestimmungen über die spezifischen Peakflächen stellen Näherungen dar. Bei dem Gemisch der acht PAs aus *E. vulgare* handelt sich um Verbindungen, von denen jeweils immer zwei dieselbe Molekülmasse (s. Tabelle 2) besitzen. Sie unterscheiden sich jedoch in ihrem strukturellen Aufbau grundlegend voneinander (s. Abb. 20). Hinzu kommt, dass unter den verwendeten LC-MS-Bedingungen die PAs teilweise chromatographisch nicht voneinander getrennt werden konnten und so zumeist zwei Komponenten mehr oder weniger co-eluierten. Wie zuvor am Beispiel des zweiten Peaks (s. Abb. 18) mit den PAs Vulgarin und Vulgarin-*N*-Oxid dargelegt (s. Abb. 19), stellt die Co-Chromatographie jedoch kein Problem dar. Die PAs konnten mittels MS auseinandergehalten werden. Für jede einzelne PA-Struktur ist der intensivste Massenübergang (s. Tabelle 2), bedingt durch seine individuelle Struktur, in der MRM-Methode (Multiple Reaction Monitoring) spezifisch (Q1 → Q3, s. Abschnitt 6.4.2; 3. Abschnitt). Die Peakfläche jedes einzelnen dieser PA-spezifischen Massenübergänge wurde somit als repräsentativ für das entsprechende PA angesehen.

Alle Extrakte wurden mit der identischen LC-ESI-MS-MS-Methode analysiert und ausgewertet. Aus diesen Daten lässt sich erkennen, dass die PA-Muster in den sieben Pflanzenorganen unterschiedlich ausfallen (s. Abb. 21).

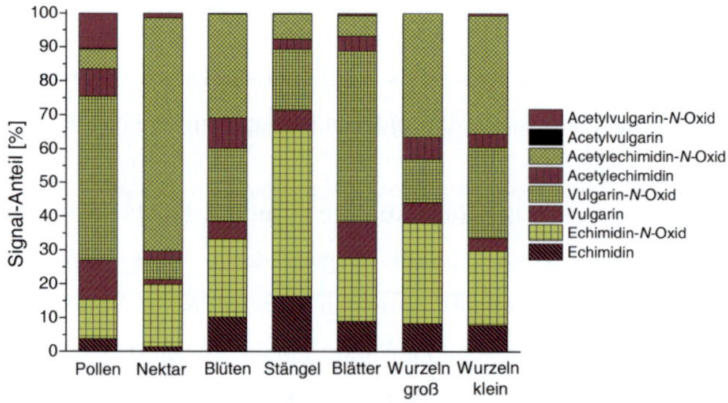

Abb. 21 PA-Muster in *E. vulgare*. Prozentuale Anteile am jeweiligen PA-Gehalt der acht identifizierten PAs in sieben Pflanzenorganen. Angabe in Flächen-%. Mit einer Ausnahme stammen alle Organe aus einer Mischung von fünf Pflanzen. Der Pollen wurde von anderen Pflanzen gewonnen (s. Abschnitt 6.2.2). Bestimmung über LC-MS-Messungen (s. Abschnitt 6.19).

Als Gemeinsamkeit aller Pflanzenorgane lässt sich die höhere Präsenz der PAs in der *N*-oxidierten Form (ca. 75 % des PA-Gehalts) im Vergleich zu den entsprechenden tertiären Basen hervorheben. Auffällig hoch vertreten war in den Pollen und den Blättern Vulgarin-*N*-Oxid, im Stängel Echimidin-*N*-Oxid und im Nektar überwog der Anteil an Acetylechimidin-*N*-Oxid. Insgesamt den deutlich geringsten Anteil im PA-Spektrum nahm das Acetylvulgarin ein, welches in der tertiären Form im Nektar und in den kleinen Wurzeln nicht eindeutig identifiziert werden konnte. In den übrigen Organen wurde es lediglich in Spuren gefunden.

Aufgrund des Mangels an Referenzsubstanzen wurde über LC-ESI-MS-MS keine Quantifizierung vorgenommen. Dazu wurde eine etablierte GC-MS-Methode eingesetzt, die im Folgenden beschrieben wird.

3.1.2 Methode zur Ermittlung der PA-Gehalte in „Retronecin-Äquivalenten"

Die quantitative Analyse erfolgte über die Bestimmung eines Summenparameters nach erfolgter Reduktion und Derivatisierung der PAs unter Verwendung von Heliotrin als internem Standard (IS). Dieses PA eignet sich besonders gut als interner Standard, da es aus der Derivatisierung als ein Diastereomer des zu bestimmenden Retronecin-Körpers hervorgeht (s. Abb. 22).

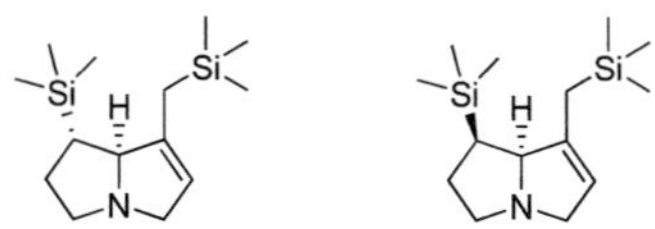

Abb. 22 Die beiden Diastereomere di-TMS-Heliotridin und di-TMS-Retronecin

Für den Einsatz von 20 µg Heliotrin pro Pflanzenextrakt wurde in Vorversuchen für jedes Pflanzenorgan die Einwaage dem PA-Gehalt entsprechend angepasst. Durch die Aufarbeitung der Extrakte (s. Abschnitt 6.4.1) resultierte aus allen *Echium*-PAs das di-TMS-Retronecin (Di-trimethylsilyl-retronecin) als Reduktions- und Derivatisierungs-Produkt. Über diesen Summenparameter konnten alle toxikologisch relevanten PAs als Retronecin-Äquivalente (RÄ) quantifiziert werden. Als ein Kriterium für die spätere Identifizierung diente unter anderem das Verhältnis der analytischen Ionen (m/z = 93, 183, 299) zueinander (s. Abb. 23).

Unter Berücksichtigung einer 10 %-igen Toleranz in der Abweichung, wiesen die relativen Intensitäten der analytischen Ionen die Verhältnisse 183: 93: 299 = 1: 0,8: 0,25 zueinander auf. Diese Verhältnisse wurden bei Identifizierung einbezogen.

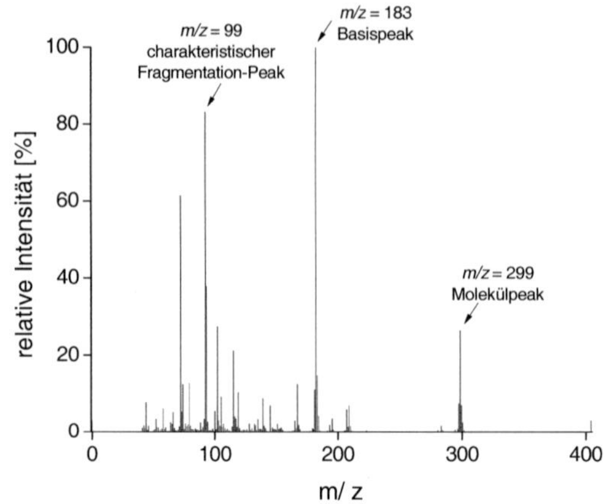

Abb. 23 EI-Massenspektrum von di-TMS-Retronecin mit den zur Identifikation herangezogenen analytischen Ionen *m/z* = 93 (charakteristisches Fragmention), 183 (Basispeak) und 299 (Molekülpeak).

Heliotrin (IS) geht aus der Reduktion und Derivatisierung als das entsprechende Diastereomer di-TMS-Heliotridin hervor. Die beiden derivatisierten Diastereomere (s. Abb. 22) mit den gemeinsamen analytischen Ionen *m/z* = 93, 183, 299 (s. Abb. 23) sind gaschromatographisch separierbar. So konnte durch den Vergleich der Peakflächen im SIM-Modus auf den Gehalt an 1,2-ungesättigten Retronecin-Typ-PAs in RÄ rückgeschlossen werden.

Die Identifizierung der beiden Diastereomere erfolgte im Vorfeld mit Hilfe der TMS-Derivate der authentischen Referenzsubstanzen Retronecin und Heliotrin. Anhand von GC-MS-Messungen im SIM-Modus wurden die Retentionsindices bestimmt (di-TMS-Retronecin, RI (ZB-5MS) = 1599, di-TMS-Heliotridin, RI (ZB-5MS) = 1633) und die Verhältnisse der relativen Häufigkeiten der analytischen Ionen (*m/z* = 93, 183, 299) der beiden Diastereomere ermittelt (s. Abb. 24).

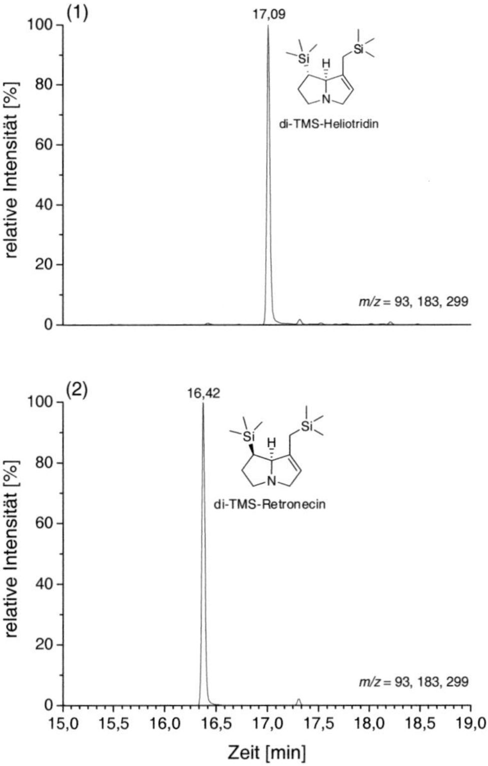

Abb. 24 GC-MS-Chromatogramme (s. Abschnitt 6.18.1) der beiden Diastereomere (1) di-TMS-Heliotridin (RI (ZB-5MS) = 1633) und (2) di-TMS-Retronecin (RI (ZB-5MS) = 1599) nach der Derivatisierung der Necinbasen Heliotridin und Retronecin mit MSTFA. SIM-Modus mit m/z = 93, 183, 299.

Da es sich bei dem internen Standard Heliotrin um ein natürlich vorkommendes PA handelt, musste im Vorfeld nachgewiesen werden, dass die Extrakte aus *E. vulgare* dieses PA nicht besitzen. Dazu wurde ein Extrakt aller Pflanzenorgane ohne und ein Extrakt mit Heliotrin (IS) erstellt und gaschromatographisch auf die Anwesenheit des di-TMS-Heliotridin untersucht (s. Abb. 25). In dem Chromatogramm des Extrakts ohne den internen Standard konnte das aus Heliotrin resultierende Derivat di-TMS-Heliotridin (Rt = 17,01 min) nicht detektiert werden. Über das Vorhandensein des Peaks für di-TMS-Retronecin bei einer Retentionszeit von 16,40 min konnte zusätzlich nachgewiesen werden, dass in *E. vulgare* PAs mit dem Necinbasen-Körper Retronecin enthalten sind.

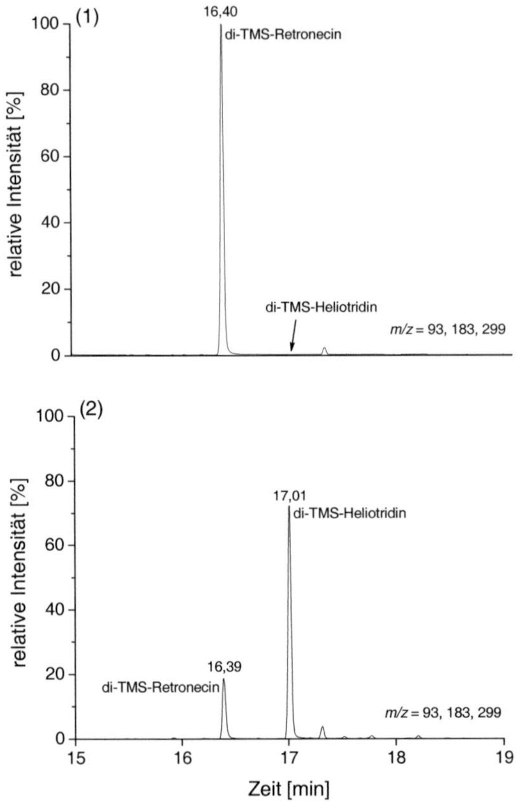

Abb. 25 Vergleich zweier GC-MS-Chromatogramme (s. Abschnitt 6.18.1) eines Gesamtextraktes aus *E. vulgare* (1) ohne und (2) mit Verwendung des IS Heliotrin; SIM-Modus m/z = 93, 183, 299.

Zur quantitativen Bestimmung (s. 6.4.1) konnte somit Heliotrin als interner Standard für *E. vulgare*-Pflanzenteile eingesetzt werden.

3.1.3 PA-Gesamtgehalte in *Echium*-Organen

Über Heliotrin wurden in den einzelnen Pflanzenorganen von *E. vulgare* die RÄ in Dreifachbestimmungen ermittelt. Das Ergebnis ist in Abb. 26 dargestellt. Die höchsten PA-Gehalte wurden in den Blüten mit 4,17 mg/g RÄ bestimmt, gefolgt von den Wurzeln. In Stängel und Blättern wurden nur geringe PA-Konzentrationen gefunden. Die als Bienenfutter in Frage kommenden Pollen enthielten mit 1,47 mg/g RÄ verhältnismäßig

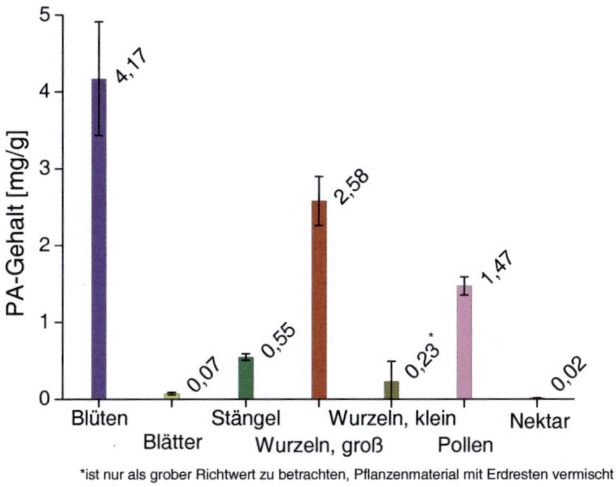

Abb. 26 PA-Gehalte in RÄ [mg/g] verschiedener Organe sowie Pollen und Nektar von *E. vulgare*. Mit einer Ausnahme stammen alle Organe aus einer Mischung von fünf Pflanzen. Der Pollen wurde von anderen Pflanzen gewonnen (s. Abschnitt 6.2.2). Jeweils angegeben sind die Mittelwerte (n = 3) ± Standardabweichung. Bestimmung über GC-MS-Messungen (s. 6.18.1).

hohe PA-Konzentrationen, während die PA-Mengen im ebenfalls von Bienen genutzten Nektar bei 0,02 mg/g RÄ lagen.

Einen zusätzlichen Speichort von PAs in *E. vulgare* stellte der unterirdische Bereich mit den Wurzeln dar.

Die absoluten Gesamt-PA-Gehalte der einzelnen Organe lassen sich mit Hilfe ihrer PA-Profile (s. Abschnitt 3.1.1) und Molekülmassen näherungsweise berechnen (Details s. Abschnitt 6.4.1). Eine Übersicht hierzu liefert Tabelle 3.

Bei der Berechnung dieser Gesamt-PA-Gehalte wurde davon ausgegangen, dass alle PAs bei der Einzelbestimmung per LC-ESI-MS-MS denselben Responsefaktor besitzen. Aus Mangel an Referenzsubstanzen konnten diese jedoch nicht bestimmt werden. Es handelt sich bei den berechneten Werten (s. Abschnitt 6.4.2) folglich um eine Abschätzung, die für Vergleiche mit PA-Gehalten aus der Literatur und den Fütterungsversuchen in der späteren Diskussion herangezogen werden.

Tabelle 3 Näherungsweise berechnete PA-Gesamtgehalte [mg/g] verschiedener Organe sowie Pollen und Nektar von *E. vulgare*. Mit einer Ausnahme stammen alle Teile aus einer Mischung von fünf Einzelpflanzen. Der Pollen wurde von anderen Pflanzen gewonnen (s. Abschnitt 6.2.2). Bestimmung über LC-ESI-MS-MS-Messungen (s. Abschnitt 6.4.2). (* dieser Wert ist nur als grober Richtwert zu betrachten, Pflanzenmaterial mit Erdresten vermischt)

Teil der Pflanze	**Gesamt-PA-Gehalt [mg/g]**
Blüten	11,45
Blätter	0,19
Stängel	1,46
Wurzeln, groß	7,12
Wurzeln, klein	0,64*
Pollen	3,98
Nektar	0,05

3.2 Einfluss von Pyrrolizidinalkaloiden auf das Volk der Honigbiene

Die Kenntnis von dem Vorkommen von PAs in Futterpflanzen der Honigbiene (s. Abschnitt 3.1) zum einen sowie der Nachweis von PAs in Honig lässt den Schluss zu, dass die Honigbiene mit diesen toxisch wirkenden sekundären Pflanzeninhaltsstoffen in Kontakt kommt. Dies wirft die Frage auf, welchen Einfluss PAs auf die Gesundheit der Mitglieder im Bienenstock und auf das Sammelverhalten der Arbeiterbienen haben können.

Mit der Zeit ist viel Kenntnis darüber gewonnen worden, wie die Wirkung und Verträglichkeit von PAs bei verschiedenen Lebewesen ist. Über toxische Wirkungen und daraus resultierende Vergiftungserscheinungen bis hin zum eigenen Profit (s. Abschnitte 1.2.3 und 1.2.4) ist eine Vielzahl an Möglichkeiten nachgewiesen worden. Welche Wirkung von PAs auf die Honigbiene zu erwarten sind, ist bisher nicht umfassend erforscht worden. Es existieren nur wenige Berichte über Effekte einzelner PAs gegenüber diesen Insekten (Detzel und Wink, 1993).

3.2.1 Fütterungsexperimente mit adulten Bienen

In Fütterungsversuchen sollte den Fragen nach (i) der toxischen Wirkung und (ii) dem Einfluss der PAs auf das Sammel- und Fraßverhalten von Arbeiterbienen und Larven nachgegangen werden.

Bei dem Einsatz von Honigbienen und auch ihren Larven als Versuchstiere müssen bei der Planung wichtige Aspekte berücksichtigt werden, um repräsentative Ergebnisse zu erhalten.

Die Biene ist ein sozial lebendes Insekt, das im Normalfall in einem Volk mit bis zu 80 000 Individuen lebt. Dieser Superorganismus besitzt klar definierte Strukturen, verteilte Aufgaben und jede einzelne Biene hat darin ihren bestimmten Platz. Soll mit diesen Individuen unter Laborbedingungen ein möglichst realitätsnahes Versuchs-Setup gestaltet werden, müssen Aspekte wie eine Mindestanzahl an Bienen pro Käfig und die Nachahmung der klimatischen Verhältnisse und Lichtbedingungen des Bienenstocks im Vorfeld bewusst geplant werden.

Eine Reihe von Vorversuchen im Sommer 2007 bot die Möglichkeit, die Versuchsdurchführung zu testen und die allgemeine Handhabung und die Strukturierung der Versuchsvorbereitung zu optimieren.

Als Grundlage für die Versuchsdurchführung dienten die Richtlinien der OECD (Organisation for Economic Co-Operation and Development, France) zum Testen von Chemikalien an Honigbienen (OECD/OCDE, 1998). In Abb. 27 ist der Versuchsaufbau dargestellt.

Angelehnt an diese Vorgaben wurden die geforderten Parameter (z.B. Brutschrankbedingungen, Anzahl Bienen pro Käfig, Mindestanzahl an Käfigen für einen

Abb. 27 Käfig aus einem Fütterungsversuch mit Arbeiterinnen.

statistisch sicheren Datensatz) untersucht. Anhand der Ergebnisse der Vorversuche wurden im nächsten Sommer einzelne Parameter in den Fütterungsversuchen geändert. Aspekte wie die notwendigen Hungerzeiten für die Versuchsbienen im Vorfeld des Versuchs und eine für statistische Auswertbarkeit ausreichende Käfiganzahl wurden anhand der Ergebnisse der Vorversuche angepasst. Zusätzlich wurden die Dauer der Fütterungszeit mit PA-dotierter Lösung und die Arten von versuchsbegleitenden Kontrollgruppen (neben einer 0 %-PA-Kontrollgruppe eine zusätzliche als „Hungerkontrolle“ bezeichnete Gruppe, s. Abschnitt 3.2.2) mit Hilfe der gesammelten Erfahrungen modifiziert.

3.2.2 Wirkungen von Pyrrolizidinalkaloiden auf Stoffwechsel und Fitness von Honigbienen

Erste Fütterungsversuche dienten zur Klärung der Frage, ob PAs in der tertiären und in der *N*-oxidierten Form unterschiedliche Auswirkungen auf die Honigbiene besitzen. Auf der Grundlage der bisherigen Kenntnisse über die verschiedenen Wirkungen der beiden PA-Formen, musste auch bei der Honigbiene mit verschiedenen Effekten gerechnet werden. Für die Versuche wurde ein natürliches PA-Gemisch aus *S. vernalis* (PA-Strukturen in der tertiären Form s. Abb. 28) gewählt. Durch die Wahl eines natürlichen Gemischs, in einem Setup in der tertiären Form und in einem weiteren Setup in *N*-oxidierter Form, sollte das PA-Angebot möglichst realitätsnah gestaltet werden.
Vervollständigt wurden die Ergebnisse der ersten Versuche durch Fütterungsversuche mit einem Modell-PA. Gewählt wurde kommerziell verfügbares Monocrotalin (>99 %),

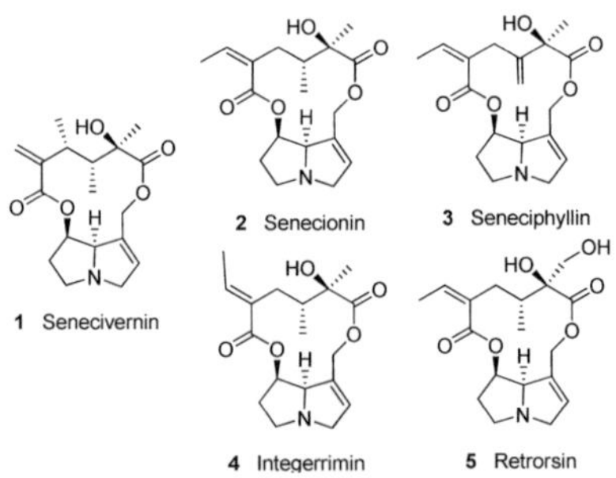

Abb. 28 Pyrrolizidinalkaloid-Gemisch in tertiärer Form aus *S. vernalis*.

das als 1,2-ungesättigter Vertreter in tertiärer Form zur Verfügung stand. Aus diesem wurde zusätzlich sein 1,2-gesättigtes Derivat (1,2-Dihydromonocrotalin) synthetisiert. Letzteres sollte Aufschluss darüber liefern, ob eine eventuell auftretende Toxizität in den ersten Versuchsreihen mit den PA-Gemischen auch bei der Honigbiene durch die hinreichend beschriebene 1,2-Unsättigung im PA-Ringsystem bedingt ist.

Da es sich beim PA-Gemisch um einen eigens hergestellten Extrakt aus *S. vernalis* handelt, kann das Vorhandensein weiterer ebenfalls extrahierter Pflanzenstoffe nicht eindeutig ausgeschlossen werden. Um die Hypothese auszuschließen , dass eventuell in Erscheinung tretende Effekte bei den Fütterungsversuchen auch auf diese „Verunreinigungen" zurückzuführen sein könnten, sollten die Ergebnisse aus den Versuchen mit dem reinen Monocrotalin eine zusätzliche Bestätigung liefern.

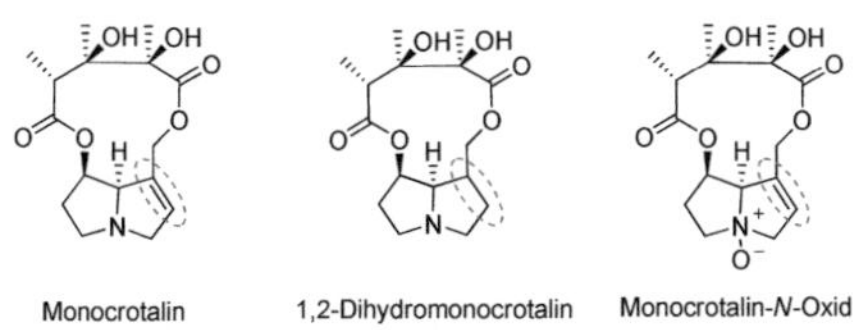

Abb. 29 Strukturen von tertiärem Monocrotalin und seiner 1,2-gesättigten Form 1,2-Dihydromonocrotalin aus den Fütterungsversuchen zur Untersuchung des Einflusses der Doppelbindung an der Position 1,2 (verdeutlicht mit gestrichelter Markierung). Zusätzlich abgebildet ist Monocrotalin-*N*-Oxid .

Die Konzentrationen für die PA-Fütterungslösung wurden mit 0,02, 0,2 und 2 % gewählt. Die Konzentration von 0,2 % wurde hierbei als die realitätsnächste angesehen, mit der die Bienen konfrontiert werden können. Sie repräsentiert die in Blütenköpfen PA-führender *Asteraceae*-Arten bestimmte Größenordnung. Mit einer Konzentration von 2 % sollte eine Extrembelastung der Biene mit PAs simuliert werden. Die Konzentrationen unterhalb 0,2 % sollten bei eventuell auftretenden Wirkungen von PAs auf die Biene eine Abschätzung ermöglichen, ab welchen Minimalkonzentrationen diese erwartet werden können.

Um eine für statistische Auswertungen ausreichende Datenmenge zu erhalten, wurden für jeden Fütterungsversuch, abweichend von den als Grundlage für die Versuche dienenden Richtlinien der OECD (OECD/OCDE, 1998), insgesamt drei Wiederholungen mit jeweils drei Käfigen á zehn Bienen durchgeführt. Das ergab für jede einzelne Konzentration jeder Substanz eine Gesamtzahl von 90 getesteten Bienen. Zusätzlich zu den vorgegebenen 0 %-Kontrollgruppen wurden die Versuche durch die Einführung einer weiteren Kontrollgruppe, der Hungerkontrollgruppe, ergänzt. Die Bienen in den Hungerkontrollgruppen erhielten während der zwei Stunden, in denen die anderen Gruppen die jeweilige PA-dotierte Zuckerlösung zum Fressen angeboten bekamen, noch kein Futter. Sie mussten für diese 2 h, zusätzlich zu der für alle Bienen vorangegangenen Hungerphase in der Versuchsvorbereitung, hungern. Dies diente bei der Auswertung der Mortalitäten der Unterscheidung zwischen PA-bedingten Todesfällen und Todesfällen verursacht durch Verhungern als Folge einer eventuellen Verweigerung der PA-dotierten Futterlösung. Eine Ablehnung hätte z.B. durch die abschreckende Wirkung der PA-Futterlösung ausgelöst werden können.

Einfluss von Pyrrolizidinalkaloiden aus *S. vernalis* in tertiärer und *N*-oxidierter Form

Die Fütterungsversuche mit dem tertiären PA-Gemisch und dem PA-*N*-Oxid-Gemisch wurden hinsichtlich der Fraßmengen und Mortalitäten ausgewertet. Es wurde jeweils der Verlauf über die getesteten Konzentrationen mit einem zusätzlichen Fokus auf signifikante Unterschiede zwischen den verschiedenen PA-Testsubstanzen untersucht. Im Großen und Ganzen waren die durchschnittlichen Fraßmengen pro Bienengruppe in den verschiedenen Konzentrationen der beiden PA-Test-Gemische untereinander vergleichbar (s. Abb. 30). Lediglich in den Versuchen mit PA-*N*-Oxid-Lösung konnte eine signifikante Abnahme der Fraßmenge pro zehn Bienen bei der höchsten Konzentration von 2 % festgestellt werden. Dies lässt auf eine abschreckende (fraßhemmende) Wirkung durch die PA-*N*-Oxide schließen. Im Vergleich hierzu schien sich in den Versuchen mit tertiärer PA-Lösung zwar auch eine Abnahme der Fraßmenge in der höchsten Testkonzentration anzudeuten. Diese war jedoch nicht signifikant (s. Abb. 30). Die Untersuchungen der Todesfälle von Bienen, die unter Berücksichtigung der Mortalitäten in der 0 %-Kontrollgruppe betrachtet wurden, haben insgesamt wenig Anzeichen einer möglichen Vergiftung durch die PAs ergeben. Einzig die von der 2 %-igen tertiären PA-Lösung ausgehende Mortalität lieferte Hinweise darauf. Sie war gegenüber den Mortalitäten in den anderen Konzentrationen im Mittel signifikant um 50 % angestiegen. Vergleichbare Tendenzen waren in der Versuchsreihe mit den *N*-Oxiden nicht festzustellen. Hier waren keine signifikant erhöhten Mortalitäten zu messen (s. Abb. 30).

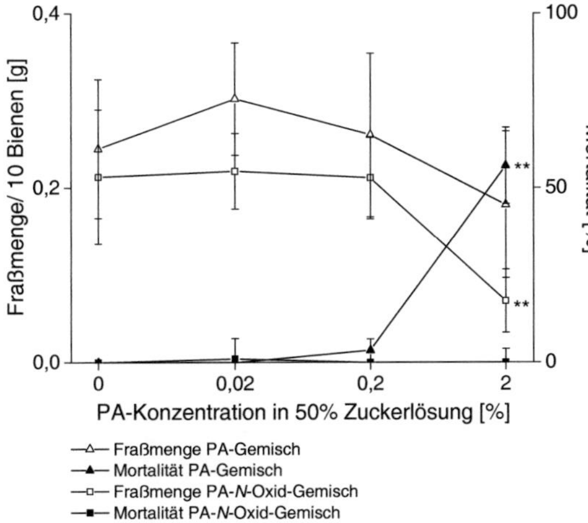

Abb. 30 Vergleich der Fraßmengen pro zehn Bienen [g] und Mortalitäten [%] in den Fütterungsversuchen mit dem tertiären PA-Gemisch und PA-*N*-Oxid-Gemisch in den Konzentrationen von 0, 0,02, 0,2 und 2 % in 50 %-iger Zuckerlösung; jeweils angegeben sind die Mittelwerte (n = 9) ± Standardabweichung. Signifikante Unterschiede (**P < 0,001, Berechnung s. Abschnitt 6.16) liegen bei der Fraßmenge von 2 % PA-*N*-Oxid-Gemisch (-□-) gegenüber den anderen Konzentrationen vor. Desgleichen unterscheidet sich bei dem 2 % PA-Gemisch die Mortalität (-▲-) signifikant (**P < 0,001, Berechnung s. Abschnitt 6.16) von den anderen Konzentrationen.

Weitere Auffälligkeiten hinsichtlich der Fraßmengen und der Mortalitäten traten sowohl beim PA-Gemisch als auch beim PA-*N*-Oxid-Gemisch nicht auf.

Die Vorversuche zeigten, dass zwischen Mortalität, bedingt durch direkte PA-Wirkung und einer Mortalität bedingt durch Fraßverweigerung des PA-haltigen Futters (Verhungern), nicht zu unterscheiden ist. Das Problem wurde durch die Einführung der zusätzlichen Hungerkontrolle gelöst. Die Auswertung der Mortalitäten im Vergleich zu denen der 0 %-Kontrollgruppe und der 2 %-PA-Gemisch-Gruppe lieferte klare, sich deutlich unterscheidende Ergebnisse (s. Abb. 31).

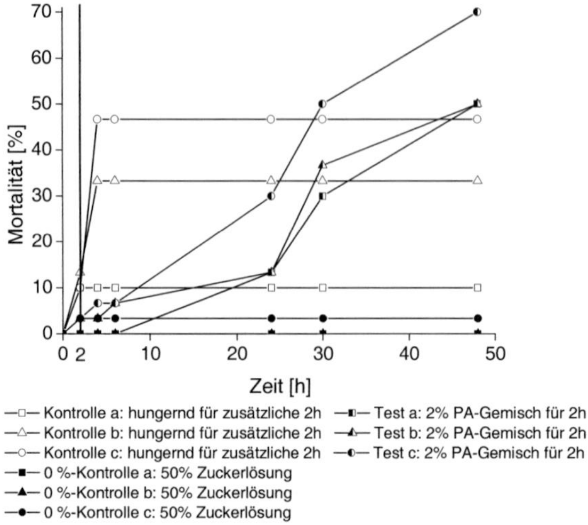

Abb. 31 Vergleich der Mortalitäten in den Fütterungsversuchen mit 2 %-igem PA-Gemisch (angeboten in den ersten 2 h) (halb gefüllte Symbole) zum einen mit der Hungerkontrollgruppe (weitere 2-stündiger Hungerzeit) (leere Symbole) und zum anderen mit den Mortalitäten der 0 % PA Kontrolle (gefüllte Symbole). Nach 2 h fand für alle drei Gruppen der Austausch der Testsubstanzen gegen 50 %-ige Zuckerlösung *ad libitum* statt.

Im Fall der 0 % -Kontrollgruppen (dargestellt mit ausgefüllten Symbolen), die reine Zuckerlösung anstelle von PA-dotierter Lösung in den ersten 2 h angeboten bekamen, konnte nur eine sehr geringe Mortalität von unter 5 % ausgemacht werden. Bei den Hungerkontrollgruppen (dargestellt mit leeren Symbolen) hingegen traten Mortalitäten von zehn bis fast 50 % auf. Die Mortalitäten stiegen in diesen Fällen bereist innerhalb der ersten 4 h steil auf die endgültigen Werte an. Sie zeigten keine weitere Änderung im Verlauf der folgenden 44 h. Die Mortalitäten bei den 2 %-PA-Gemisch-Gruppen erreichten ihre Endwerte von 50 – 70 % nach stetigem langsamen Anstieg. Dieser wies eine deutliche Steigerung nach 24 h bis zum Ende der Versuchszeit (48 h) auf (s. Abb. 31).

Die resultierende Mortalität im Test mit dem 2 %-PA-Gemisch unterschied sich damit grundlegend von den Kontrollen und ist somit eindeutig die Folge der toxischen Wirkung von tertiären 1,2-ungesättigten PAs. Von dem PA-*N*-Oxid-Gemisch gingen keine sichtbaren toxischen Wirkungen aus.

Ob, wie vermutet, die 1,2-ungesättigte Form des PA-Ringsystems mit der toxischen Wirkung auf die Biene in Verbindung gebracht werden kann, sollte über die folgenden Versuche mit Monocrotalin und 1,2-Dihydromonocrotalin bestätigt werden.

Einfluss von Monocrotalin und 1,2-Dihydromonocrotalin

Die Fütterungsversuche mit Monocrotalin und 1,2-Dihydromonocrotalin dienten als Erweiterung der Ergebnisse aus den Versuchen mit den PA-Gemischen. Im Fall der Fraßmengen sind sowohl beim Monocrotalin als auch beim 1,2-Dihydromonocrotalin keine signifikanten Unterschiede feststellbar gewesen (s. Abb. 32).

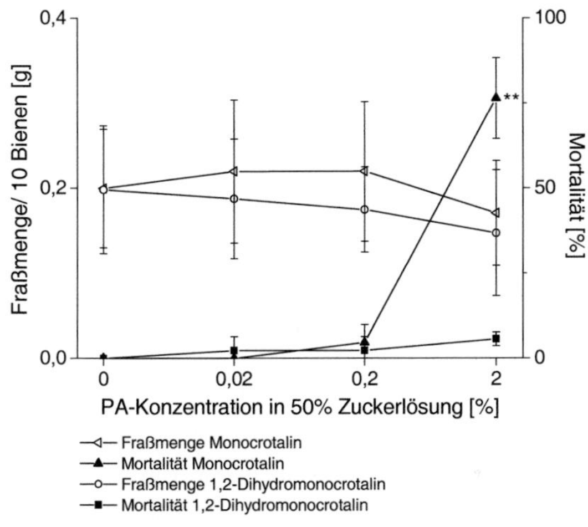

Abb. 32 Vergleich der Fraßmengen pro 10 Bienen [g] und Mortalitäten [%] in den Fütterungsversuchen mit Monocrotalin und 1,2-Dihydromonocrotalin in den Konzentrationen von 0, 0,02, 0,2 und 2 % in 50 %-iger Zuckerlösung. Jeweils angegeben sind die Mittelwerte (n = 9) ± Standardabweichung. Signifikante Unterschiede liegen bei der Mortalität durch 2 % Monocrotalin (-▲-) gegenüber den anderen Konzentrationen vor (**$P < 0{,}001$, Berechnung s. Abschnitt 6.16).

In einer Konzentration von 2 % bewirkte Monocrotalin eine hohe Mortalität von über 75 %, die gegenüber den Mortalitäten in den restlichen Konzentrationen (< 10 %) signifikant erhöht ist. Bei den niedrigeren Monocrotalin-Konzentrationen und allen 1,2-Dihydromonocrotalin-Konzentrationen blieb die Todesrate gegenüber der 0 %-Kontrolle unverändert (s. Abb. 32).

Die Ergebnisse der beiden Kontrollgruppen entsprachen in diesem Versuchs-Set den Ergebnissen aus dem vorangegangenen Set und werden in Abb. 31 ebenfalls widergespiegelt.

Die Kurvenverläufe der Mortalitäten bei den Versuchen mit Monocrotalin sind mit denen der Versuche mit dem tertiären PA-Gemisch (s. Abb. 30) vergleichbar. Dies lässt den Schluss zu, dass das Vorhandensein der 1,2-Doppelbindung für die toxische Wirkung von PAs auf die Biene ausschlaggebend ist.

Aus den Fraßmengen in den Versuchen mit PAs kann gefolgert werden, dass die Bienen zumindest unter den gegebenen Laborbedingungen, PAs in natürlich vorkommenden Konzentrationen aufnehmen, ohne sichtlich abgeschreckt zu werden.

Ausgehend von den bisherigen Ergebnissen wurde im Weiteren den folgenden Fragen nachgegangen.

In welchem Umfang nehmen die Bienen PAs auf? Besteht zwischen den PA-Konzentrationen in Bienen und den beobachteten erhöhten Mortalitäten ein Zusammenhang? Werden PAs durch die Bienen metabolisiert, z.B. PA-*N*-Oxide reduziert oder tertiäre PAs oxidiert?

PA-Gehalte in Arbeiterinnen nach Fütterung

Die Bienen aus den Fütterungsversuchen mit dem PA-Gemisch in der Konzentration von 2 % wurden auf ihre PA-Gesamtgehalte hin untersucht. Dazu wurden die Bienen in verschiedene Gruppen unterteilt (s. Abb. 33). Eine Gruppe (A) bildeten die Bienen, die während des Versuchs in einem frühen Zeitraum zwischen zwei und 30 Stunden verstorben waren. Die zweite (B) erfasste die Bienen, die nach 30 Stunden bis zum Versuchsende verstorben waren. Die Bienen, die den Versuch überlebten, bildeten die dritte Gruppe (C). Einzelne Bienen wurden nach Abschnitt 6.12.2 aufgearbeitet und ihre PA-Gesamtgehalte mittels GC bestimmt. In den Bienen der Gruppe A konnten im Mittel 175 µg PAs pro einzelne Biene gefunden werden. Bei den Bienen der Gruppe B waren es 250 µg im Mittel und bei den Bienen der Gruppe C lediglich 50 µg pro einzelne Biene. Die Gehalte in den Bienen schwankten innerhalb der Gruppen jedoch stark. Auffällig ist hierbei, dass sogar in der Gruppe C (überlebende) ein PA-Maximalgehalt für eine Einzelbiene von 200 µg gefunden wurde.

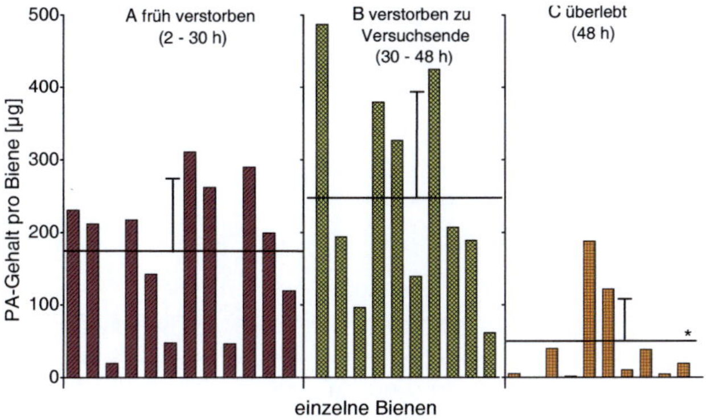

Abb. 33 PA-Gehalte [µg] einzelner Bienen aus dem Fütterungsversuch mit 2 %-igem PA-Gemisch. (A) früh verstorbene Bienen (Zeitraum 2 – 30 h), (B) zum Zeitpunkt des Versuchsendes verstorbene Bienen (Zeitraum 30 – 48 h) und (C) überlebende Bienen am Versuchsende (Zeitpunkt 48 h). Die Mittelwerte (n = 12 (A)bzw. 10 (B,C) ± Standardabweichung, angedeutet durch vertikale Fehlerbalken) in jeder Gruppe sind mit horizontalen Linien dargestellt. Die PA-Gehalte der Bienen in Gruppe C unterscheiden sich signifikant (*P <0,05, Berechnung s. Abschnitt 6.16) von den PA-Gehalten der Bienen der Gruppen A und B.

Der Vergleich einer GC-Analyse eines Bienenextrakts mit dem des für die Versuche eingesetzten PA-Gemischs (s. Abb. 34), sollte Auskunft geben, ob sich in den Bienen das PA-Profil des aufgenommenen PA-Gemischs verändert hat. Über den Vergleich der Retentionszeiten konnten den Peaks im Bienen-Chromatogramm die PAs des PA-Gemischs zugeordnet werden. Der Vergleich der relativen Peak-Intensitäten zeigte keine auffälligen Unterschiede zwischen dem PA-Profil der Fütterungslösung und dem Bienenextrakt. Bei der PA-Aufnahme und PA-Speicherung in der Biene war daher keine strukturell bedingte Diskriminierung zu verzeichnen.

Zur quantitativen Überprüfung der Wiederfindung aufgenommener PAs durch die Bienen wurden die Bienen eines Käfigs quantitativ auf PA-Gehalte untersucht. Und mit Hilfe der im Vorfeld bestimmten Fraßmenge dieses Käfigs konnten 61 % der gefressenen PAs in den Bienenextrakten wiedergefunden werden.

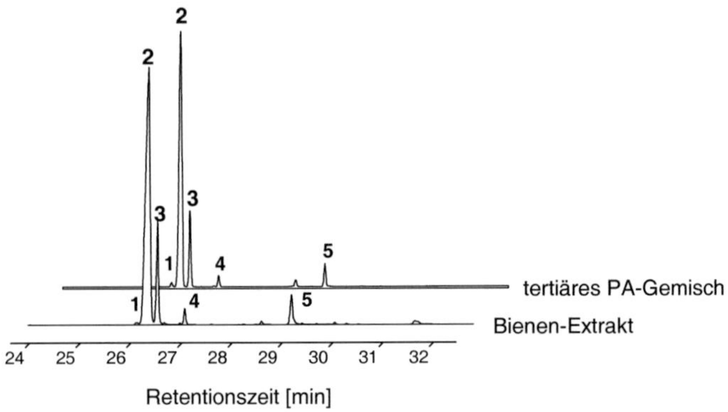

Abb. 34 GC-NPD-Chromatogramme (s. Abschnitt 6.17) des für die Fütterungsversuche eingesetzten tertiären PA-Gemischs aus *S. vernalis* (hinten)und eines Extraktes einer Arbeiter-Biene aus dem Fütterungsversuch mit dem 2 % tertiären PA-Gemisch (vorn). In beiden Chromatogrammen sind die Peaks den PAs aus *S. vernalis* (1) Senecivernin, (2) Senecionin, (3) Seneciphyllin, (4) Integerrimin und (5) Retrorsin zuzuordnen.

Zu Klärung der Frage, ob Bienen tertiäre PAs durch *N*-Oxidierung entgiften können, wie es für verschiedene PA-sequestrierende Insekten beschrieben wurde (Hartmann und Ober, 2008), wurde folgender Versuch durchgeführt. Zehn Bienen, die mit 2 %-igem tertiären PA-Gemisch gefüttert wurden, wurden nach der in Abschnitt 6.12.3 beschriebenen Methode analysiert und auf die Anwesenheit von PAs in ihrer *N*-oxidierten Form hin untersucht. Die Anwesenheit von PA-*N*-Oxiden in den Extrakten wäre in diesem Fall nur durch körpereigene Mechanismen der Biene zur *N*-Oxidierung tertiärer PAs zu erklären. Es konnte jedoch in keinem Fall die Bildung von PA-*N*-Oxiden nachgewiesen werden. Die Möglichkeit einer PA-Entgiftung bei Bienen durch *N*-Oxidierung ist damit ausgeschlossen.

Die umgekehrte Richtung (Reduktion aufgenommener PA-*N*-Oxide in die pro-toxische tertiäre Form) wie sie beispielsweise im menschlichen Körper aber auch in nicht PA-angepassten herbivoren Insekten abläuft, sollte untersucht werden. Hierzu wurden Einzelbienen, die mit PA-*N*-Oxid-Gemisch gefüttert wurden, analysiert. Zehn einzelne Bienen (Nr. 1 – 10) wurden quantitativ mittels GC (s. Abschnitt 6.12.3) auf ihre PA-Gehalte, sowohl in der aufgenommenen *N*-oxidierten Form als auch in der durch Reduktion entstehenden tertiären Form, analysiert (s. Abb. 35). In nahezu allen

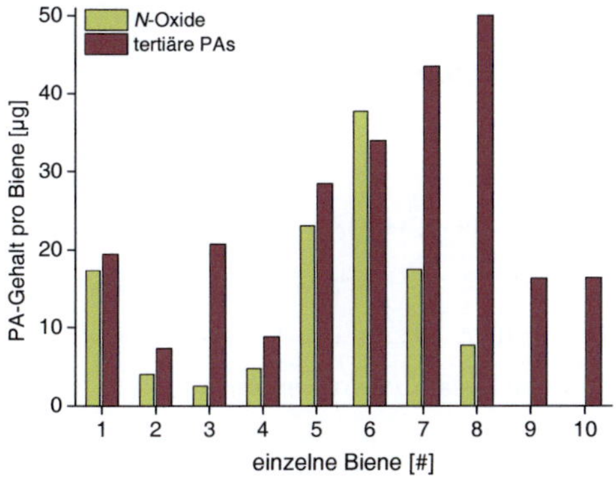

Abb. 35 Gesamtgehalte [µg] an PA-*N*-Oxiden (■) und tertiären PAs (■) in einzelnen überlebenden Bienen aus dem Fütterungsversuch mit 2 % -igem PA-*N*-Oxid-Gemisch.

untersuchten Bienen konnten die PAs sowohl als *N*-Oxide als auch in ihrer tertiären Form gefunden werden.

Durchschnittlich 70 % der untoxischen *N*-Oxide wurden in ihre pro-toxischen tertiären Formen nach der Aufnahme durch die Biene reduziert. Der Gesamtgehalt an tertiären PAs pro einzelne Biene lag hier bei max. 50 µg, was eine Erklärung für das Überleben der untersuchten Bienen der 48-stündigen Versuchszeit trotz der Reduktion liefert. Insgesamt erschienen die PA-Gehalte, die im Durchschnitt pro Biene gefunden wurden, verhältnismäßig niedrig. Hier spiegelte sich letztlich die fraßhemmende Wirkung wider, die sich durch die niedrigeren Fraßmengen (s. Abb. 30) andeutete. Zugleich liefert das Ergebnis einen weiteren Hinweis darauf, dass die toxischen Wirkungen von tertiären PAs erst ab einem erhöhten PA-Gehalt im Bienenkörper zum Tragen kommen.

Es ist bei den Ergebnissen der PA-Gesamtgehalte in den Bienen jedoch zu berücksichtigen, dass die Bienen aufgrund ihres angeborenen Hygieneverhaltens nicht innerhalb des Bienenstocks koten. Dies gilt unter den gewählten Versuchsbedingungen auch für die Käfigversuche. Am Versuchsende konnten keine Fäkalienverunreinigungen nachgewiesen werden. Daher ist davon auszugehen, dass die Bienen über die gesamte Versuchsdauer der Menge an aufgenommenen PAs ausgesetzt waren. Ob die PAs den Bienenkörper ohne eine Metabolisierung direkt wieder verlassen würden, konnte anhand dieser Ergebnisse nicht geklärt werden. Zur Klärung dieser Frage, wurden die folgenden Versuche durchgeführt.

Verteilung von Pyrrolizidinalkaloiden im Honigbienenkörper

Die Frage, was nach der Aufnahme von PAs im Bienenkörper geschieht, wurde in Versuchen mit radioaktiv markierten Substanzen weiter untersucht. Hierzu wurden Fütterungsversuche mit [^{14}C]Senecionin und [^{14}C]Senecionin-*N*-Oxid durchgeführt (in Abschnitt 6.10.3 beschrieben). Diese Methode mit radioaktiven Isotopen wurde gewählt, da nach der Sektion der Biene der Verbleib der PAs möglichst genau und sensitiv verfolgt werden sollte. Mit dem Einsatz von ^{14}C-markierten Substanzen können sehr geringe Mengen bestimmt und quantifiziert werden

Durch die Fütterung einzelner Bienen über eine Mikroliterpipette mit 10 µL PA-Lösung wobei die Biene mit dem Rüssel kleine Tropfen der Lösung von bzw. aus der Spitze aufsaugte, ist die aufgenommene Menge an Radioaktivität pro Biene bekannt. Sie konnte bei der Berechnung der Wiederfindungen herangezogen werden. Der Vorgang der Fütterung ist in Abb. 36 gezeigt.

Abb. 36 Füttern einer Biene von Hand aus einer Mikroliterpipette.

Nach drei Zeitabständen von 3, 24 und 48 h wurde in jeweils drei Bienen die Verteilung der PAs im Körper untersucht. Abb. 37 zeigt das Ergebnis des Versuchs mit [^{14}C]Senecionin.

Problematisch war bei diesen Versuchen, dass die Bienen zur Untersuchung einzelner Gewebeteile mit Diethylether narkotisiert werden mussten, um den Hämolymphe-Kreislauf nicht zu stoppen. In den anderen Versuchen konnte gasförmiges CO_2 verwendet werden, wobei die Bienen jedoch „erfrieren" und der gesamte Organismus sofort zum Stillstand kommt (s. Abschnitt 6.10.1, 6.10.3). Im Zuge der Betäubung kam es unvermeidbar dazu, dass der Honigmageninhalt von den Bienen erbrochen wurde.

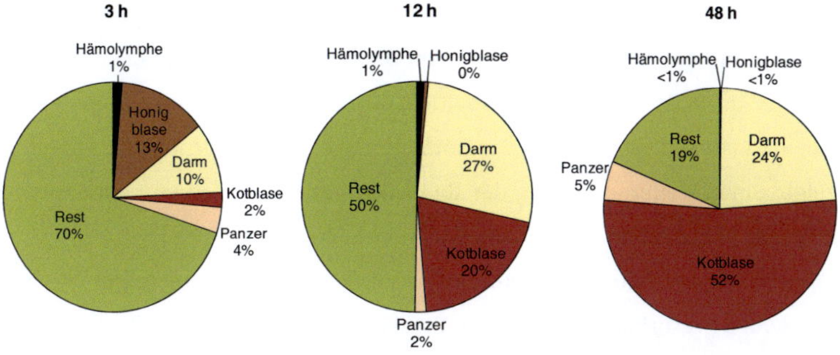

Abb. 37 Prozentuale Verteilung der gemessenen Radioaktivität (s. Abschnitt 6.12.4) in den Organen der Biene (zu den Zeitpunkten 3, 24 und 48 h nach erfolgter Fütterung von ^{14}C-markiertem Senecionin). Unter „Rest" ist die Menge an Radioaktivität zu verstehen, die von der gefütterten Gesamtradioaktivität nicht im Bienenkörper wiedergefunden werden konnte. Jeweils angegeben sind die Mittelwerte (n = 3).

Der Verlust an Radioaktivität durch das Erbrechen spiegelt sich daher in dem als Rest bezeichneten Anteil wider. Dieser beinhaltet die Menge an Radioaktivität, die von der pro Biene verfütterten Gesamt-Radioaktivität in den Körperteilen nicht wiedergefunden werden konnte. Auch die erhaltenen Werte der Honigblasen können nur den Teil der PA-Menge widerspiegeln, der nach der Betäubung und Sektion nicht verloren wurde. In den allermeisten Fällen waren die Honigblasen annähernd geleert.

Die „verlorene" Radioaktivität im Rest nahm zu den späteren Zeitpunkten schrittweise ab. Dies ist eine Bestätigung dafür, dass der Verlust in der Wiederfindung auf das Erbrechen des Honigmageninhalts zurückzuführen ist. Je länger die Biene nach der Fütterung lebte, desto mehr Inhalt hatte sie über das Ventil in ihr Verdauungssystem eingespeist. Demnach nahm die Gesamtmenge an radioaktivem Honigmageninhalt mit zunehmender Zeit ab und es konnte weniger durch Erbrechen im Zuge der Betäubung verloren gehen.

Aussagekräftig sind die Radioaktivitätsverteilungen zwischen Hämolymphe, Darm, Kotblase und Panzer zu den drei Untersuchungszeitpunkten. Der Panzer beinhaltet zu einem Großteil auch den anhaftenden Fettkörper, der zur Speicherung von Zuckern, Fetten, Proteinen dient und in dem sich Giftstoffe anreichern können (Yu *et al.,* 1984). Ebenso findet hier der Aufbau bieneneigener Stoffe aus den gespeicherten Nährstoffen statt.

Die Anteile an Radioaktivität in der Hämolymphe und im Panzer veränderten sich nicht und blieben bei niedrigen Werten von max. 1 bzw. 2 – 5 % konstant. In Darm und

Kotblase hingegen konnten Veränderungen über die Zeit festgestellt werden. Nach 3 h war mit 10 % fünfmal mehr Radioaktivität im Darm nachweisbar als in der Kotblase mit 2 %. Bereits nach 24 h war das Verhältnis zwischen den beiden Organen mit der deutlichen Zunahme des Anteils in der Kotblase nahezu ausgeglichen. Die Analyse nach 48 h zeigte einen weiteren Anstieg der Radioaktivität in der Kotblase auf einen Anteil von 50 %, der jetzt bezogen auf die Anteile im Darm doppelt so hoch lag.

Diese Ergebnisse verdeutlichen, dass die PAs im Bienenorganismus so gut wie nicht in die Hämolymphe resorbiert und nicht im Fettkörper (Panzer) angereichert werden. Der stetige Transfer vom Darm in die Kotblase lässt darauf schließen, dass die PAs unresorbiert in die Kotblase transportiert werden und (unter natürlichen Bedingungen) während des Flugs außerhalb des Bienenstocks ausgeschieden werden würden.

Wenn die PAs nicht von der erwachsenen Biene in die Hämolymphe aufgenommen werden, können sie auch nicht in die Hypopharynxdrüse und damit in den dort produzierten Futtersaft für die Bienenlarven und die Königin gelangen. Eine signifikante PA-Weitergabe von den Ammenbienen an die Brut kann zumindest auf diesem Weg ausgeschlossen werden.

Ähnliche Ergebnisse wurden im Versuch mit [^{14}C]Senecionin-*N*-Oxid erzielt (s. Abb. 38). Wesentliche Unterschiede lagen in der Menge an Radioaktivität im Panzer nach 48 h vor. Hier wurde eine Aktivitätssteigerung im Vergleich zu den Zeitpunkten zuvor um ca. 20 % festgestellt. Es kann jedoch nicht ausgeschlossen werden, dass eine Verschleppung der Radioaktivität, bedingt durch das Erbrechen während der Betäubung durch Diethylether, und eine Kontaminierung des Bienenkörpers mit dem erbrochenen Honigblaseninhalt stattgefunden hat. Zusätzlich unterscheiden sich die Ergebnisse der [^{14}C]Senecionin-*N*-Oxid-Versuche von denen mit der tertiären PA-Form in dem Verhältnis der Radioaktivitäten im Darm und in der Kotblase nach 48 h. Die Aktivität in der Kotblase im Versuch mit [^{14}C]Senecionin war nahezu doppelt so hoch wie im Darm. Das Verhältnis der Aktivitäten in diesen beiden Organen war hingegen im Versuch mit [^{14}C]Senecionin-*N*-Oxid wie zum Zeitpunkt zuvor ausgeglichen.

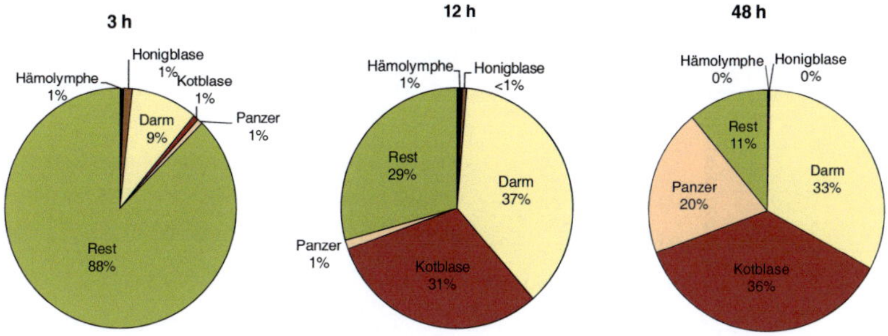

Abb. 38 Prozentuale Verteilung der gemessenen Radioaktivität nach erfolgter Fütterung von ^{14}C-markiertem Senecionin-*N*-Oxid (s. Abschnitt 6.12.4) in den Organen der Biene (zu den Zeitpunkten 3, 24 und 48 h). Jeweils angegeben sind die Mittelwerte (n = 3).

Die PAs wurden, unabhängig davon ob in der tertiären oder *N*-oxidierten Form, im Bienenkörper vom Honigmagen über den Darm in die Kotblase transferiert. Eine Ausscheidung der PAs, die die Schranke zwischen Honigmagen und Darm überschritten haben, konnte nicht untersucht werden. Doch durch den nachgewiesenen Transport in die Kotblase wäre dies unter natürlichen Bedingungen zu erwarten. Anders sieht es bei den PAs aus, die sich noch im Honigmagen befinden. Die folgenden Versuche sollten zeigen, ob PAs zusammen mit dem Inhalt des Honigmagens unter erwachsenen Bienen weitergegeben werden.

Weitergabe der Pyrrolizidinalkaloide von der Sammelbiene bis zur Ammenbiene

Durch die klare Aufgabenverteilung im Superorganismus Bienenvolk kommt es zwischen den Bienen der unterschiedlichen „Berufe" zu einem Austausch des Honigmageninhalts, der sogenannten Trophallaxis. Dies geschieht zum Beispiel nach einem Sammelflug einer Sammelbiene am Eingang des Bienenstocks zur Übergabe des Nektars an die Stockbienen (Gould und Gould, 1995).

Weitere Fütterungsversuche (s. Abschnitt 6.10.2) sollten klären, ob und in welchem Umfang die PAs unter erwachsenen Bienen weitergegeben werden. Hierzu wurde eine Gruppe farblich markierter Bienen mit 2 % und eine weitere mit 0,2 % tertiären PA-Gemischs gefüttert. Nach einer Stunde wurde zu beiden Gruppen jeweils die gleiche Anzahl an hungrigen Bienen hinzugefügt. Zwischen den PA-Bienen und den hinzugegebenen Bienen in jedem Käfig war nun für die Dauer von einer Stunde ein Nahrungsaustausch möglich. Einzelne Bienen beider Gruppen (PA-gefüttert und nicht

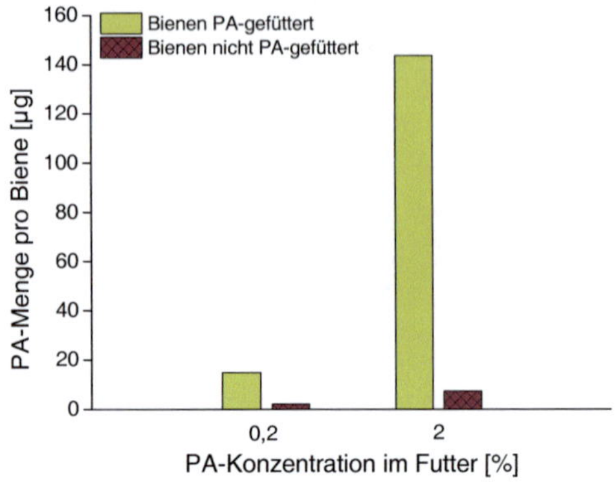

Abb. 39 Mittelwerte (n = 10) der PA-Mengen pro Biene [µg] der Bienen PA-gefüttert (ungemustert, grün) und nicht PA-gefüttert (gemustert, violett) der Weitergabeversuche mit 0,2 % und 2 % PA-Futter.

PA-gefüttert) wurden auf die in ihnen enthaltenen PA-Mengen quantitativ untersucht (s. Abschnitt 6.12.1) (s. Abb. 39). Die Analyse der vier Gruppen (unterscheidbar durch die farbige Markierung der PA-gefütterten Bienen) auf ihre PA-Gesamtgehalte ergab, dass die PAs von den PA-gefütterten Bienen an die hungrigen Bienen übergeben wurden.

Im Fall des 0,2 %-igen PA-Futters enthielten die Bienen ohne vorhergehenden PA-Kontakt 15 % der Menge an PAs, die in den mit PAs gefütterten Bienen gefunden wurden. Im Fall des 2 %-igen PA-Futters waren es 4 %.

Mit diesem Laborexperiment konnte gezeigt werden, dass die PA-Weitergabe über den Honigmagen zwischen erwachsenen Bienen möglich ist. Den Ergebnissen dieses Modellversuchs nach kann das Ausmaß des PA-Austauschs unter adulten Bienen mit der vorliegenden PA-Konzentration in Zusammenhang gebracht werden. Es kann daher vermutet werden, dass mit zunehmender PA-Konzentration im Futter eine verringerte Austausch-Aktivität besteht.

Choice-Test unter natürlichen Gegebenheiten

Die bisherigen Ergebnisse zu den Einflüssen, die von PAs auf die Biene ausgehen können, wurden unter gut kontrollierbaren, standardisierten Laborbedingungen erhalten. Das Verhalten gegenüber PA-haltigen Nahrungsquellen sollte in einem Choice-

Test mit einem Bienenvolk von *A. mellifera* im natürlichen Umfeld der Bienen (im Garten des Bieneninstituts in Celle) herausgefunden werden.

Die Ergebnisse aus den Laborversuchen lassen vermuten, dass PAs in höheren Konzentrationen eine fraßhemmende Wirkung auf Honigbienen haben (vgl. „Einfluss von Pyrrolizidinalkaloiden aus *S. vernalis* in tertiärer und *N*-oxidierter Form" in Abschnitt 3.2.2). Hierbei ist jedoch zu bedenken, dass in den Versuchs-Setups im Labor den Bienen lediglich eine Futterquelle, die mit PA-Futter, zur Verfügung stand und die Bienen zu Versuchsbeginn hungrig waren. Sie hatten letztendlich nur die Wahl, dieses Futter zu fressen oder weiter zu hungern.

Das Bienenvolk wurde mit einer 50 %-igen Saccharose-Lösung, die auf einer leuchtend blauen Holzplatte positioniert war, auf eine Futterstelle antrainiert. Die blaue Platte sollte als zusätzliches optisches Erkennungsmerkmal dienen, das den Bienen bei der Identifizierung der Futterstelle hilft. Die Bienen, die diese Futterquelle im Verlauf des Antrainierens angeflogen haben, wurden mit einem Lackstift farbig gelb markiert. Prinzipiell sollten lediglich die gelb markierten Bienen in die Auswertung einbezogen werden. Von diesen war bekannt, dass sie auf die bestimmte Futterstelle und das bestimmte Futter antrainiert wurden. Im Fall dieses Versuchs war es leider nicht möglich, sich nur auf diese Bienen zu konzentrieren, da im Verlauf der Durchführung die Anzahl nicht markierter Bienen an den Futterschalen stark zunahm. Die markierten Bienen waren mit der Zeit durch die immer größer werdende Anzahl nicht markierter Bienen an den Futterschalen zahlenmäßig stark unterlegen. Sie konnten an den Schalen mit sehr hohem Bienenaufkommen nicht mehr eindeutig identifiziert und gezählt werden.

Die Auswertung wurde wegen dieser Problematik in zwei Schritten vorgenommen. Soweit es möglich war, wurden zuerst die Versuchsserien nur unter Einbeziehung gelb markierter Bienen betrachtet. Es konnten die klaren Tendenzen für die einzelnen Versuchsergebnisse gewonnen werden. Im zweiten Schritt wurden die Versuche unter Einbeziehung aller Bienen (sowohl markiert als auch nicht markiert, Gruppen (iii) bzw. (iv) s. Abschnitt 6.11) ausgewertet. Die Ergebnisse waren mit den Tendenzen der ersten Auswertung (nur gelb markierte Bienen) vergleichbar. Somit lieferte die Auswertung aller Bienen ein repräsentatives Ergebnis für die Choice-Tests.

Nach einer 2-stündigen Antrainierphase begann der eigentliche Versuch. Dieser wurde mit einer Videokamera für die spätere detaillierte Auswertung (s. Abschnitt 6.11) aufgezeichnet. Die zu testenden PAs wurden in unterschiedlichen Konzentrationen in

30 %-iger Saccharoselösung auf einheitlich grauem Untergrund angeboten. Durch den Wechsel der Zuckerkonzentration von 50 % im Training auf 30 % Saccharose in den Versuchsdurchgängen wurde zu Versuchsbeginn ein vollständiger Wechsel der Parameter, auch in der neu angebotenen PA-freien Kontroll-Lösung, vorgenommen. Dies sollte bei den Bienen für Irritation sorgen, indem sie die ihnen schmackhaft gemachte Trainingslösung nicht mehr auffinden können. So waren die Bienen gezwungen, sich bei ihrer Futterwahl insgesamt neu zu orientieren und eine neue Entscheidung für ein neues Futter zu treffen. Wie unterschiedlich stark die einzelnen Schalen besucht wurden, ist in Abb. 40 zu erkennen.

Abb. 40 Versuchsplatz im Choice-Test mit den verschiedenen Glasschalen mit den PA-Lösungen.

Die Auswertungen erfolgten unter zwei verschiedenen Gesichtspunkten. Zum einen war die Gesamtanzahl der Bienen relevant, die zum Fressen an den jeweils unterschiedlichen Schalen verweilten. Im Vergleich dazu war für jede Konzentration die Anzahl der Bienen interessant, die nach dem Probieren der Futter-Lösung aktiv entschieden, dass ihnen das Futter nicht schmeckt und wieder abflogen.

Als Test-PAs wurden reines Echimidin und das daraus synthetisierte Echimidin-*N*-Oxid verwendet. Außerdem wurde das tertiäre PA-Gemisch aus *S. vernalis* (s. Abschnitt 6.3.1) und das Gemisch der entsprechenden *N*-Oxide (s. Abschnitt 6.5) eingesetzt. Die ausgewählten PAs kommen in Pflanzen natürlich vor, die von Bienen als Futterquelle genutzt werden. Echimidin und Echimidin-*N*-Oxid gehören zu den Haupt-PAs der nachweislich von Honigbienen genutzten Futterpflanze *E. vulgare* (s. Abschnitt 3.1) (Kempf *et al.*, 2010a). Mit den PAs in tertiärer und *N*-oxidierter Form von *S. vernalis* sollten die Reaktionen der Bienen auf ein natürlich vorkommendes Gemisch getestet werden. Die Wahl der Konzentrationen von 0,2, 0,02, 0,002 und 0,0002 % war an die Konzentrationen in den Laborexperimenten (s. Abschnitt 3.2.2) angelehnt. Jedoch wurde auf die höchste Konzentration der Laborexperimente von 2 % verzichtet. In dem Choice-

Test sollte das Wahlverhalten der Bienen gegenüber den in Pflanzen zu erwartenden natürlichen PA-Konzentrationen getestet werden. Durch die niedrigste Konzentration von 0,0002 % sollte in den Choice-Tests die Spannweite nach unten erweitert und so ein möglichst großes Spektrum natürlicher PA-Konzentrationen in Blüten abgedeckt werden.

Die Auswertung erfolgte für jede Konzentration über die prozentuale Berechnung der Bienen, die die PA-Lösung fraßen und der Bienen, auf die von der PA-Lösung nach Probieren ein fraßhemmender Effekt ausging (abfliegen nach kurzem Probieren).

Im Fall des tertiären Echimidins zeichneten sich in den Konzentrationen 0,02 und 0,2 % deutliche Tendenzen in der Anzahl fressender Bienen ab. Während in den geringen Konzentrationen 0,0002 und 0,002 % unverändert gegenüber der Kontrolle 100 % der Bienen an den Lösungen zum Fressen verweilten, sank der Anteil bei 0,02 % Echimidin im Futter auf 40 % ab. Mit 0,2 % PA im Futter wurde die Futterquelle von den Bienen nicht mehr akzeptiert und die Bienen verließen zu 100 % die Echimidin-Lösung nach dem Kosten wieder (s. Abb. 41 (a)).

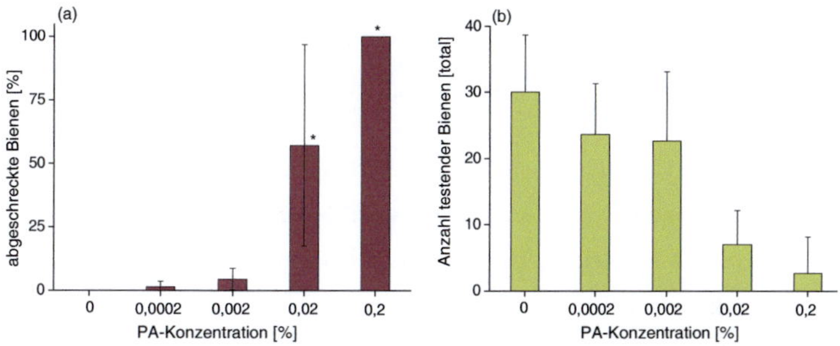

Abb. 41 Choice-Test mit tertiärem Echimidin. (a) Prozentualer Anteil abgeschreckter Bienen in den verschiedenen Echimidin-Konzentrationen. (b) Gesamtanzahl Bienen, die die Lösungen anflogen (die Werte beinhalten die Summe abgeschreckter und fressender Bienen). Mit ansteigender Echimidin-Konzentration auf 0,02 % ist eine signifikante Abnahme des Anteils fressender Bienen und damit einhergehend ein signifikant steigender Anteil der abgeschreckten Bienen festzu-stellen (*$P < 0,05$; Berechnung s. Abschnitt 6.16). Angegeben sind die Mittelwerte (n = 3 ± Standardabweichungen).

Mit steigender Konzentration war ab 0,02 % der Anteil abgeschreckter Bienen mit 60 % und im Fall der höchsten Echimidin-Konzentration mit 100 % signifikant gegenüber den Konzentrationen 0,002 und 0,0002 % sowie der Kontrolle erhöht. Zur Veranschaulichung sind in Abb. 41 (b) die absoluten Zahlen der Bienen angegeben, die die verschiedenen Lösungen zum Probieren angeflogen haben. Hier war bereits zu erkennen, dass bei den höheren Konzentrationen insgesamt weniger Bienen die Lösung überhaupt erst testeten. Es konnte beobachtet werden, dass einzelne Bienen dicht über den Schalen kreisten, jedoch ohne sich niederzusetzen wieder davonflogen.

Zum direkten Vergleich der Ergebnisse des Choice-Tests mit tertiärem Echimidin sind in Abb. 42 die Ergebnisse aus dem Choice-Test mit dem Echimidin-*N*-Oxid dargestellt.

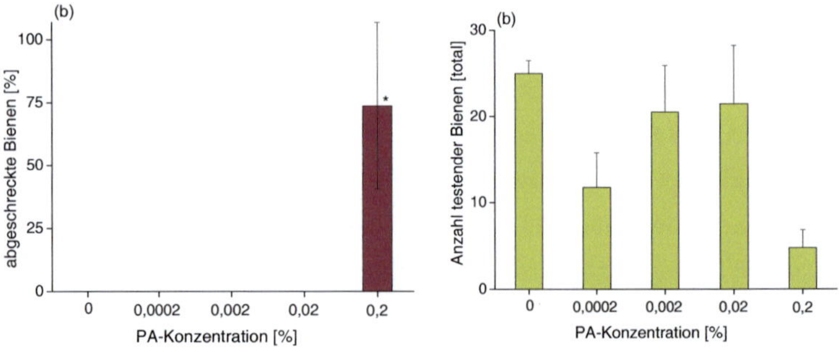

Abb. 42 Choice-Test mit Echimidin-*N*-Oxid; (a) prozentualer Anteil abgeschreckter Bienen in den verschiedenen Echimidin-*N*-Oxid-Konzentrationen (b) Gesamtanzahl Bienen, die die Lösungen anflogen (die Werte beinhalten die Summe abgeschreckter und fressender Bienen). Eine signifikante fraßhemmende Wirkung ($^{*}P < 0{,}05$; Berechnung s. Abschnitt 6.16) ab der Konzentration von 0,2 % ist erkennbar. Angegeben sind die Mittelwerte (n = 4 ± Standardabweichungen).

Das *N*-oxidierte PA lässt die gleiche Tendenz erkennen, wie das tertiäre Echimidin. In hohen Konzentrationen (0,2 %) wurde mit ca. 70 % ein großer Anteil der Bienen nach dem Kosten der PA-Futterlösung fraßhemmend beeinflusst. Diese Bienen haben das Futter gleich wieder verlassen. Unterschiede zu dem Test mit dem Echimidin in der tertiären Form liegen darin, dass sich der vom *N*-Oxid ausgehende fraßhemmende Effekt erst in der um den Faktor 10 höheren Konzentration von 0,2 % abzeichnet. Der Vergleich der Gesamtzahlen testender Bienen (s. Abb. 42 (b)) deutet, wie auch beim tertiären Echimidin, auf eine geringere Akzeptanz der Bienen höherer PA-Konzentrationen hin.

Auch für die beiden weiteren Test-PA-Gemische, das PA-*N*-Oxid-Gemisch und das Gemisch der entsprechenden tertiären PAs aus *S. vernalis* können ähnliche Aussagen anhand der Versuchsergebnisse getroffen werden. Eine tendenzielle fraßhemmende Wirkung der Futterlösungen auf die Bienen war ab Konzentrationen zwischen 0,02 und 0,2 % PA zu erkennen (s. Abb. 43).

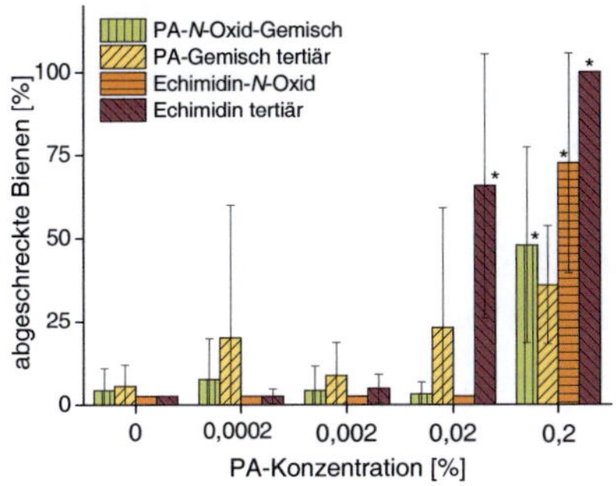

Abb. 43 Vergleich der prozentualen Anteile abgeschreckter Bienen (Mittelwerte ± Standardabweichungen, *P <0,05) aus den Choice-Tests mit PA-*N*-Oxid-Gemisch (n = 6) aus *S. vernalis*, tertiärem PA-Gemisch (n = 6) aus *S. vernalis*, Echimidin-*N*-Oxid (n = 4) und tertiärem Echimidin (n = 3).

In allen vier Choice-Tests hat sich eine tendenziell fraßhemmende Wirkung der PA-Lösungen ab Konzentrationen zwischen 0,02 und 0,2 % PA bemerkbar gemacht. Je nach Test-PA zeichneten sich die vom PA ausgehenden fraßhemmenden Wirkungen durch PA-Konzentrationen im Futter von 0,02 bzw. 0,2 % in unterschiedlichem Ausmaß ab. Vom tertiären Echimidin ging die stärkste beobachtete Wirkung aus gefolgt vom Echimidin-*N*-Oxid. Die beiden PA-Gemische in tertiärer und *N*-oxidierter Form brachten die schwächste, jedoch noch erkennbare fraßhemmende Wirkung mit sich. Im Fall des 0,2 %-igen PA-*N*-Oxid-Gemischs trat sie ebenfalls signifikant auf.

3.2.3 Fütterungsexperimente mit Honigbienenlarven

Die ersten Laborexperimente unter kontrollierten Bedingungen (s. Abschnitt 3.2.2) zeigten, dass von den PAs der Futterpflanzen nur bedingt eine fraßhemmende Wirkung auf die Sammelbienen eines Bienenvolkes ausgeht. Diese Effekte zeichneten sich in höheren PA-Konzentrationen unter anderem auch durch die Hemmung der PA-Weitergabe zwischen den Bienen erkennbar ab. Zusätzlich zeigen die Bienen eine hohe Toleranz gegenüber aufgenommenen PAs. So können die PAs aus dem Nektar/Pollen, beginnend bei der Nahrungssuche der Sammelbiene, den Weg in das Bienenvolk hinein über die Nektarabnehmerin und letztlich über die Ammenbiene bis zu den sich entwickelnden Larven gelangen.

Eine PA-Abgabe der Ammenbienen an die Larven über den in der Hypopharynxdrüse produzierten Futtersaft ist nicht zu erwarten, da gezeigt werden konnte, dass die PAs von den erwachsenen Bienen nicht in die Hämolymphe resorbiert werden und somit nicht in die Hypopharynxdrüse gelangen. Zusätzlich werden jedoch der reine Nektar und Pollen für die Aufzucht des Nachwuchses verwendet. Besonders der Pollen enthält häufig sehr große PA-Mengen, wie im Beispiel von *E. vulgare* von fast 0,4 % (s. Abschnitt 3.1.3) gezeigt werden konnte.

Die Larven sind ein besonders gefährdetes Stadium im Leben der Bienen. Sie befinden sich in eine Abfolge morphologischer Veränderungen, wodurch von ihnen eine höhere Empfindlichkeit gegenüber toxisch wirkenden Stoffen zu erwarten ist. Eine PA-Einwirkung stellt zu diesem Punkt des Bienenlebens möglicherweise einen kritischen Aspekt dar. Die Larven können keinerlei Einfluss auf ihre Futterauswahl ausüben und sind auf das angewiesen, was die adulten Bienen ihnen in ihre Wabenzelle geben.

Die Tatsache, dass die Larve die Zukunft des Bienenvolkes darstellt, steigert die Bedeutung der Frage, welche Auswirkungen PAs auf die Entwicklung von Bienenlarven besitzen.

Um den Einfluss von PAs auf die Biene bzw. das Bienenvolk umfassender bewerten zu können, wurde die Wirkung von PAs auf Bienenlarven im Labormaßstab untersucht. Da die Entwicklung einer Larve vom Ei (Testbeginn) bis zur vollständig entwickelten Biene nach dem Schlupf 21 Tage (Testende) beträgt, sind bei der Durchführung der *in vitro* Aufzucht von Larven viele Details zu berücksichtigen. Aupinel *et al.* (Aupinel *et al.*, 2005) haben eine standardisierte Methode zur künstlichen Larvenaufzucht entwickelt und die wichtigen Parameter dazu definiert. Mit dieser Methode sollten äußere Einflüsse auf die Brutentwicklung getestet werden. Hierbei standen Versuche zur Bestimmung der Toxizität einzelner Pflanzenschutzmittel im Vordergrund, woraus in Zukunft eine gesetzliche Regelung hinsichtlich ihrer Anwendung ermöglicht werden sollte.

Die Larven sollen eine Entwicklung zur Biene durchlaufen können, die mit der natürlichen in einem Bienenstock identisch ist. Dabei sind Details, wie eine ausreichende Nährstoffversorgung (Zusammensetzung und Menge des Futters, Fütterungsdauer und -abstände) entsprechend dem Larvenalter von Tag zu Tag im Vorfeld zu ermitteln und möglichst realitätsnah zu reproduzieren. Zusätzlich müssen die äußeren Bedingungen wie die Temperatur und die relative Luftfeuchtigkeit des Bienenstocks nachgestellt werden.

Aufgrund der hohen Empfindlichkeit der sich entwickelnden Organismen musste auf eine sterile Umgebung der Larven geachtet und das Einschleppen von Viren, Bakterien, Keimen etc. vermieden werden.

Unter Berücksichtigung dieser Punkte und Einhaltung des Protokolls zur Durchführung konnten im Sommer 2009 mit den Larven der Sommerbiene drei verschiedene Versuchsreihen durchgeführt werden.

3.2.4 Einfluss von pyrrolizidinalkaloid-haltiger Nahrung auf Larven

Ausgangspunkt für die Fütterungsversuche war die Frage nach den unterschiedlichen Wirkungen der drei verschiedenen PA-Formen, als pro-toxisches tertiäres PA, PA-*N*-Oxid und als untoxisches 1,2-gesättigtes PA, auf die Larven. Als Modellsubstanz wurde das PA Monocrotalin in tertiärer, *N*-oxidierter und 1,2-gesättigter Form verwendet (s. Abb. 29).

Die Erfahrungen aus den Versuchen mit den erwachsenen Bienen zeigten, dass die Wirkungen dieser drei PA-Formen auf ausgewachsene Bienen unterschiedlich sind. Aufgrund einer zu erwartenden erhöhten Empfindlichkeit der Larven im Entwicklungsstadium musste damit gerechnet werden, dass die Wirkungen bereits bei niedrigeren Konzentrationen auftreten können. Somit wurde der Konzentrationsbereich für die Larvenversuche, im Vergleich zu den Versuchen mit den erwachsenen Bienen, um die Konzentration von 0,002 % erweitert.

Jeweils zwei Versuchsreihen mit zwei der PAs wurden parallel durchgeführt. Der Ablauf startete mit dem Umsetzten der Larven in die Versuchsplatten und gleichzeitig einsetzender Fütterung der ersten Diät. Dem Schema entsprechend (s. Abschnitt 6.10.4, Abb. 50) wurde an den folgenden Tagen die Fütterung der entsprechenden Diäten fortgeführt, zu jedem Zeitpunkt auf verstorbene Exemplare hin untersucht und diese aus hygienischen Gründen aus den Platten entfernt. Den Entwicklungsstadien der Larven und ihren natürlichen Gegebenheiten im Bienenstock angepasst wurden die Zusammensetzungen der Diäten und die klimatischen Verhältnisse in den Brutschränken über die Zeit verändert.

Die Versuche wurden in erster Linie hinsichtlich der Mortalitäten in den verschiedenen Entwicklungsstadien ausgewertet. Nach dem folgenden Zeitplan wurden in den Versuchsplatten verstorbene Exemplare gezählt und den Platten entnommen:

- Tag 6 + 8 unbewegliche Larven, ohne Reaktion auf leichte Berührung
- Tag 15 verstorbene Puppen (veränderte Farbe oder fehlentwickelt)
- Tag 22 nicht geschlüpfte Puppen

Im Rahmen der Mortalitätsprüfungen fand das Umsetzen in die Brutschränke mit den jeweiligen neuen und dem Protokoll entsprechend angepassten klimatischen Bedingungen statt.

Für jede PA-Form wurde in einer Dreifachbestimmung jeweils eine Platte mit 48 Larven für jede Konzentration getestet. Das ergab eine Larvenanzahl pro Datenpunkt von n = 144.

Die Mortalität von 40 % in der Kontrolle (Dreifachbestimmungen) ist relativ hoch. Die Gründe hierfür liegen in der Komplexität des Versuchsaufbaus. Für die hier vorgestellten Versuche steht jedoch nicht die Ermittlung eines LD_{50}-Wertes im Vordergrund sondern die Frage, ob PAs generell einen Einfluss auf die Larvenentwicklung haben können. Für die Bestimmung der Mortalitäten der eigentlichen PA-Fütterungsversuche wurden diese im Vergleich zu dieser Kontrolle ausgewertet und signifikante Veränderungen zu dieser betrachtet.

Monocrotalin

Monocrotalin zeigte in seiner tertiären pro-toxischen Form in den unterschiedlichen Test-Konzentrationen verschiedene Wirkungen (s. Abb. 44). Die Kontrolle zeigt über die Zeit einen gemäßigten Anstieg der Mortalität bis auf 40 %. Die Monocrotalin-Konzentration von 0,002 % zeigte keinen signifikanten Unterschied zur Kontrolle. Bei der Konzentration von 0,02 % Monocrotalin machten sich die Wirkungen des PAs am Tag 15 während der Puppenphase bemerkbar. Ein signifikanter Anstieg in der Mortalität auf 100 % bis zum Versuchsende wurde bestimmt. Ein ähnlicher Verlauf ließ sich in der Konzentration von 0,2 % beobachten. Hier war der Anstieg auf 100 % bereits sieben Tage früher am Tag 8 erfolgt, also bereits im Larvenstadium, nachdem die Mortalität an Tag 6 schon einen Wert von 60 % erreicht hatte. In der Konzentration von 2 % waren alle Larven bereits an Tag 6, zwei Tage nach der Fütterung der PA-dotierten Lösung an Tag 4, verstorben.

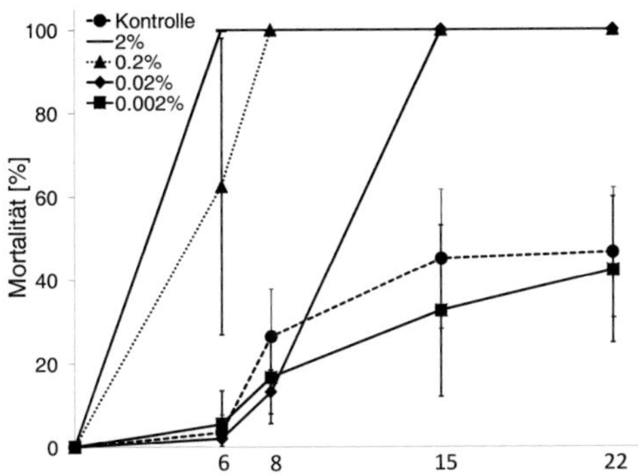

Abb. 44 Vergleich der Mortalitäten [%] in den Larven-Fütterungsversuchen mit dem tertiären Monocrotalin in den Konzentrationen 0, 0,002, 0,02, 0,2 und 2 % in entsprechender Diät. Angegeben sind die Mittelwerte (n = 144 ± Standardabweichung). Signifikante Unterschiede (**P* < 0,001 bzw. 0,05, Berechnung s. Abschnitt 6.16) liegen ab Tag 6 bei der Konzentration 2 (–) und 0,2 % (▲) gegenüber allen anderen Konzentrationen vor. Ab Tag 15 ist die Konzentration 0,02 % (♦) ebenfalls signifikant verschieden von den niedrigeren Konzentrationen (*P < 0,05). PA-Gabe erfolgte an Tag 4.

In seiner tertiären Form zeigte Monocrotalin bereits im Larvenstadium seine akut toxische Wirkung. Die Versuche zeigten, dass Bienenlarven gegenüber der tertiären Form eine hohe Empfindlichkeit aufweisen.

Ob die in der Natur weiter verbreitete *N*-oxidierte Form keine oder zumindest eine verringerte Wirkung auf die Larven besitzt, sollte im Folgenden geklärt werden.

Monocrotalin-*N*-Oxid

Im Fall des Monocrotalin-*N*-Oxids stellte sich das Gesamtbild der Mortalitäten leicht verändert dar (s. Abb. 45). Zusätzlich zu den Mortalitäten durch 0,002 %, wie beim tertiären Monocrotalin, sind in diesen Versuchen auch die Mortalitäten der 0,02 % mit denen der Kontrolle vergleichbar. Eine Beeinträchtigung der Entwicklung zur ausgewachsenen Biene konnte hier nicht beobachtet werden. Eine Mortalität von 100 % wurde erst ab einer Konzentration von 0,2 % festgestellt. Doch auch hier waren Unterschiede im Verlauf zu erkennen. Im Fall des tertiären Monocrotalins setzte bei der Konzentration von 0,2 % der Anstieg der Mortalität bereits an Tag 6 ein, wohingegen es bei den Versuchen mit Monocrotalin-*N*-Oxid in dem Zeitraum nach Tag 8 begann und bei der Mortalitätskontrolle an Tag 15 festgestellt werden konnte. Bis zum Tag 8 war kein

Unterschied zur Kontrolle erkennbar. Auf die gleiche Weise ließen sich zwischen dem tertiären PA und dem *N*-Oxid die Mortalitätsverläufe der 2 %-Testgruppen vergleichen. Das *N*-Oxid bewirkte auch in dieser hohen Konzentration erst längere Zeit nach der Aufnahme eine vollständige Mortalität bei den Larven. Begonnen bei 30 % an Tag 6 über 80 % an Tag 8 erreichte sie an Tag 15 die 100 %.

Im Vergleich zu den Ergebnissen mit dem tertiären PA waren die toxischen Effekte von Monocrotalin-*N*-Oxid um die Größenordnung von Faktor 10 geringer.

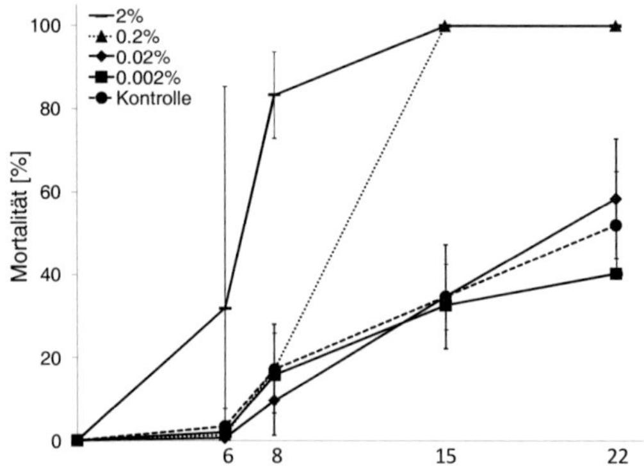

Abb. 45 Vergleich der Mortalitäten [%] in den Larven-Fütterungsversuchen mit Monocrotalin-*N*-Oxid in den Konzentrationen 0, 0,002, 0,02, 0,2 und 2 % in entsprechender Diät. Angegeben sind die Mittelwerte (n = 144 ± Standardabweichung). Signifikante Unterschiede (*P < 0,001, Berechnung s. Abschnitt 6.16) liegen ab Tag 8 bei der Konzentration 2 % (–) gegenüber allen anderen Konzentrationen vor. Ab Tag 15 ist die Konzentration von 0,2 % (▲) ebenfalls signifikant verschieden von den niedrigeren Konzentrationen (*P < 0,001). PA-Gabe erfolgte an Tag 4.

Da die PA-*N*-Oxide die Mortalität der adulten Bienen in den Laborexperimenten nicht signifikant erhöhten (s. Abschnitt 3.2.2), war die beobachtete hohe Mortalität bei den Larven in den Versuchen mit dem Monocrotalin-*N*-Oxid überraschend. Bei den erwachsenen Bienen konnte jedoch nachgewiesen werden, dass die *N*-Oxide im Körper zu den tertiären PAs reduziert werden. Es sollte herausgefunden werden, ob der toxische Effekt des *N*-Oxids auf die Larven auch durch eine Reduktion in tertiäres Monocrotalin zu erklären ist. Dazu wurden 33 an Tag 8 verstorbene Larven der 2 %-igen *N*-Oxid-Fütterung aus den Zellen entnommen, von der anhaftenden Diät befreit und qualitativ auf beide PA-Formen untersucht (s. Abschnitt 6.10.4).

Mithilfe der ESI-MS-Messung konnte in dem Larvenextrakt tertiäres Monocrotalin ($m/z = 326$) neben dem Monocrotalin-*N*-Oxid nachgewiesen werden (s. Abb. 46). Das führte zu der Vermutung, dass die Larven bereits an Tag 8 einen Teil der aufgenommenen *N*-Oxide reduziert haben. Durch die lange Versuchszeit (22 Tage) konnte die Menge an über Reduktion entstandenem tertiärem Monocrotalin immer weiter zunehmen und toxisch wirksame Höhen erreichen. Dies könnte die hohe Mortalität in den Versuchen mit den *N*-Oxiden erklären.

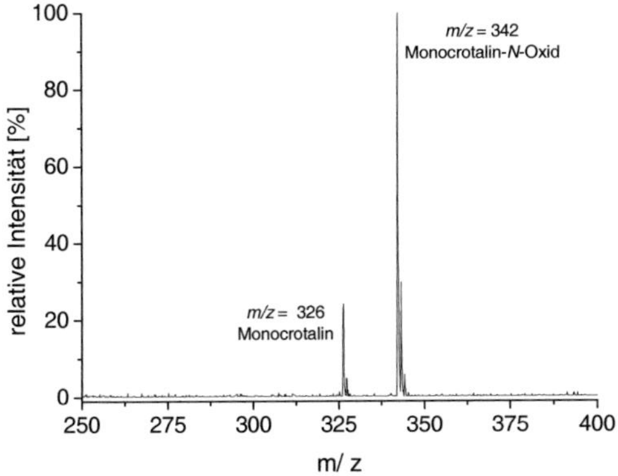

Abb. 46 ESI-MS-Spektrum (s. Abschnit 6.20) des Extraktes von an Tag 8 verstorbenen Larven aus dem Fütterungsversuch mit 2 % Monocrotalin-*N*-Oxid. Monocrotalin-*N*-Oxid ($m/z = 342$) und tertiäres Monocrotalin ($m/z = 326$) können identifiziert werden.

Im nächsten Schritt sollte ausgeschlossen werden, dass die *N*-Oxide nicht schon bereits in der Futter-Diät in die tertiäre Form umgewandelt wurden. Als Zutat für die Diät wurde unter anderem das natürliche Bienenprodukt Gelée Royal eingesetzt (s. Abschnitt 6.10.4). Darin enthaltene Substanzen, beispielsweise reduzierend wirkende Aminosäuren wie das Cystein oder Mikroorganismen, könnten diese Umwandlung des *N*-Oxids in die tertiäre Form bewirkt haben. Ebenfalls kann es im Verlauf des Versuchs außerhalb der Larve in der Diät, in die sie eingebettet ist, zu der Reduktion gekommen sein. Die Larven schwammen, wie auch in der Natur, in ihrem Futter (PA-dotierte Diät). Die klimatischen Bedingungen in dem Brutschrank boten ideale Verhältnisse für das Wachstum von Mikroorganismen in der zucker- und hefeextrakthaltigen Lösung, die sich um die Larve herum befand. Deren Einfluss stellte eine zusätzliche Möglichkeit für eine Reduktion der *N*-Oxide dar.

Die restliche PA-Diät aus den Zellen der Versuchsplatten, aus denen die Larven zur Analyse entnommen wurden, wurde ebenfalls zur qualitativen Bestimmung auf beide PA-Formen vorbereitet (s. Abschnitt 6.10.4) und mittels ESI-MS (s. Abschnitt 6.20) auf tertiäres Monocrotalin und Monocrotalin-*N*-Oxid hin analysiert. Auf die gleiche Weise wurde mit der originalen, nicht verwendeten PA-Diät mit 2 % Monocrotalin-*N*-Oxid verfahren. Die Ergebnisse sind in Abb. 47 dargestellt.

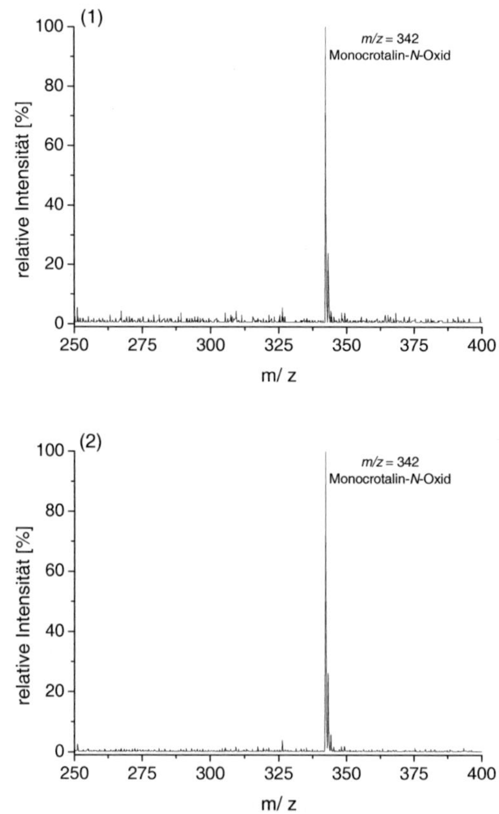

Abb. 47 ESI-MS-Spektren (s. Abschnit 6.20) (1) des Extraktes der in den Zellen verbliebenen PA-Diät von an Tag 8 verstorbenen Larven aus dem Fütterungsversuch mit 2 % Monocrotalin-*N*-Oxid und (2) nicht für den Versuch eingesetzte PA-Diät mit 2 % Monocrotalin-*N*-Oxid. Beide Extrakte weisen nur Monocrotalin-*N*-Oxid ($m/z = 342$) auf und nicht die tertiäre Form.

In beiden Futterlösungen konnte lediglich das ursprünglich zugesetzte Monocrotalin-*N*-Oxid ($m/z = 342$) und kein tertiäres Monocrotalin ($m/z = 326$) nachgewiesen werden.

Die Reduktion vom *N*-Oxid zum tertiären PA fand nicht in der Diät, sondern im Larvenorganismus statt. Die Larve überführte damit das nicht toxische PA-*N*-Oxid in das pro-toxische 1,2-ungesättigte Monocrotalin und leitete damit eine Intoxikation ab Tag 6 ein.

Die Larve entwickelt erst mit der Zeit ein mit dem der erwachsenen Bienen vergleichbares, spezialisiertes Verdauungssystem. Es ist davon auszugehen, dass die Larve im Laufe ihrer Entwicklung andere Aufnahmemechanismen und Resorptionswege besitzt. Ein leichteres „Eindringen" tertiärer PAs in die Hämolymphe und somit eine Verteilung über alle Gewebe ist die Folge. Wie in diesem Abschnitt gezeigt wurde, werden die aufgenommenen *N*-Oxide im Larvenkörper reduziert. Zusammen mit der längeren „Einwirkzeit" (Versuchsdauer 22 Tage) der entstanden tertiären PAs lassen sich die Unterschiede der Mortalitätserscheinungen der Larven und der adulten Bienen (Versuchsdauer 48 h) in den Fütterungsversuchen mit den *N*-Oxiden erklären.

Dihydromonocrotalin

Im Fall der Versuche mit dem 1,2-gesättigten PA zeigt die Kontrolle einen nahezu identischen Verlauf mit dem des Setups zuvor (s. Abb. 48).

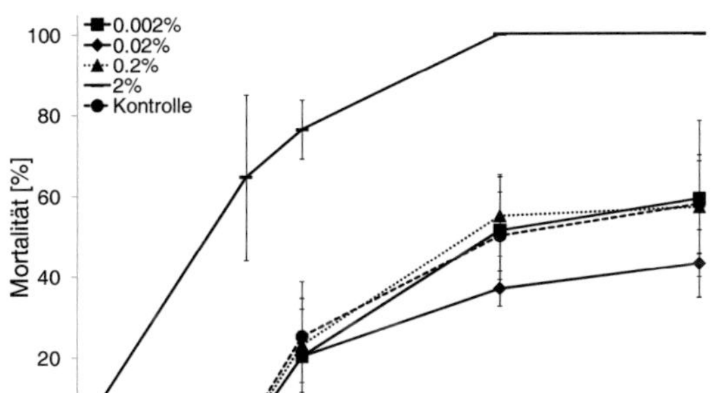

Abb. 48 Vergleich der Mortalitäten [%] in den Larven-Fütterungsversuchen mit 1,2-Dihydromonocrotalin in den Konzentrationen von 0, 0,002, 0,02, 0,2 und 2 % in entsprechender Diät. Angegeben sind die Mittelwerte (n = 144 ± Standardabweichung). Signifikante Unterschiede (**P* < 0,001, Berechnung s. Abschnitt 6.16) liegen ab Tag 6 bei der Konzentration 2 (–) gegenüber allen anderen Konzentrationen vor. PA-Gabe erfolgte an Tag 4.

Die Verläufe der Konzentrationen von 0,2 bis 0,002 % des 1,2-Dihydromonocrotalins waren nicht signifikant verschieden von der Kontrolle und somit waren keine toxischen Wirkungen des PAs zu erkennen. In der Konzentration von 2 % hingegen konnte ein vom 1,2-gesättigtem PA ausgehender Effekt beobachtet werden. Die Mortalität war bereits an Tag 6 bis auf 60 % angestiegen und hat an Tag 15 100 % erreicht (s. Abb. 48). Eigentlich wurde erwartet, dass das Monocrotalin in der 1,2-gesättigten, als nicht toxisch angesehene PA-Form, auf die Larven wie auch auf die adulten Bienen (s. Abschnitt 3.2.2) keine toxischen Effekte ausübt. Die Mortalität von 100 % bei den Larven zeigte, dass diese Chemikalie in hoher Konzentration auch toxisch auf den Bienennachwuchs einwirkt.

Alle drei PA-Formen des Monocrotalins zeigten mehr oder weniger stark ausgeprägte Einflüsse auf die Entwicklungen der Larven. In den hohen Konzentrationen von 2 % bewirkten alle drei eine 100 %-ige Mortalität. Vom 1,2-gesättigten Dihydromonocrotalin zum Monocrotalin-*N*-Oxid nahm die Empfindlichkeit der Larven um eine Größenordnung zu. Das PA-*N*-Oxid bewirkte eine 100 % -ige Mortalität bereits in einer Konzentration von 0,2 % . Im Fall des tertiären pro-toxischen PAs kam erneut ein Faktor 10 an Empfindlichkeit der Larven hinzu, der sich in Form der 100 %-igen Mortalität durch die PA-Konzentration von 0,02 % in der Larvendiät äußerte.

4 Diskussion

In den Sommermonaten kann in Gärten und an Wildpopulationen von *E. vulgare* auch in der Region Braunschweig ein reges Bienentreiben an dieser PA-haltigen Pflanze beobachtet werden. Die unterschiedlichsten Insektenarten, darunter auch viele Bienen und Hummeln, fliegen dabei von Blüte zu Blüte einer Pflanze und bedienen sich ausgiebig.
Zusammen mit den mittlerweile vorliegenden Informationen über das Vorkommen von *Echium*-Pollen in PA-haltigen Honigen des Einzelhandels sind eindeutige Hinweise darauf gegeben, dass Honigbienen unter natürlichen Bedingungen den potentiell pro-toxischen PAs ausgesetzt sind. Dies bringt viele Fragen zu dem Einfluss dieser Substanzen auf die Honigbienen mit sich.

4.1 Verhalten der Honigbiene gegenüber pyrrolizidinalkaloid-haltiger Nahrung

In Laborexperimenten wurde unter „No-Choice-Bedingungen" das Fraßverhalten adulter Bienen gegenüber unterschiedlichen PAs untersucht und die Toxizität dieser Sekundärstoffe für die Bienen ermittelt. Vergleicht man das Fraßverhalten der Bienen in den verschiedenen Konzentrationen des tertiären PA-Gemischs aus *S. vernalis* mit dem Verhalten gegenüber dem Gemisch der entsprechenden *N*-Oxide, lassen sich deutliche Unterschiede feststellen. Insbesondere das *N*-Oxid-Gemisch bewirkte ab höheren Konzentrationen (> 0,2 %) eine signifikante Abnahme der konsumierten Futtermenge einer Bienengruppe. Wie bereits im Vorfeld erwähnt, liegen die PAs in den meisten Pflanzenarten in Form ihrer jeweiligen *N*-Oxide (s. Abb. 13) vor (Hartmann und Witte, 1995; Boppré *et al.*, 2008). Die signifikante Hemmung des Fraßverhaltens („antifeedant-Effekt") lässt eine Anpassung der Bienen zum Schutz vor gefährlichen Pflanzenstoffen vermuten, z.B. durch die Fähigkeit zur sensorischen Wahrnehmung von PA-*N*-Oxiden.

Diese Vermutungen konnten auch mit Hilfe der Choice-Tests mit frei fliegenden Bienen im natürlichen Umfeld untermauert werden. Ein grundlegender Unterschied dieser Versuche zu den Laborexperimenten lag darin, dass den Bienen die Möglichkeit offen stand, ihr Futter aus einer Anzahl unterschiedlich konzentrierter PA-Futterlösungen bzw. Kontrollfutter auszuwählen. Und sie besaßen ebenfalls die Möglichkeit, den Versuchstisch komplett zu meiden. In den Laborexperimenten besaßen die Bienen lediglich die Wahl zwischen den Möglichkeiten, von den PA-Lösungen zu fressen oder gänzlich auf Futter zu verzichten.

In den Choice-Tests zeigte sich, dass sowohl von dem PA-Gemisch aus *S. vernalis* (in tertiärer und *N*-oxidierter Form) als auch von einem der Haupt-PAs aus *E. vulgare*, dem Echimidin (tertiär und *N*-Oxid), tendenziell fraßhemmende Wirkungen (ab Konzentrationen zwischen 0,02 und 0,2 %) ausgehen. Hervorzuheben sind die Effekte, die mit reinem Echimidin erzielt wurden. Am stärksten ausgeprägt war dort der „antifeedant-Effekt" bei der tertiären Form, aber auch beim entsprechenden *N*-Oxid konnte eine signifikante Ablehnung beobachtet werden. Tertiäres Echimidin besaß bereits ab einer Konzentration von 0,02 % (entspräche 0,078 mg/g RÄ) ein signifikantes fraßhemmendes Potential. Das *N*-Oxid wirkte ab der um Faktor 10 höheren Konzentration von 0,2 % (entspräche 0,75 mg/g RÄ) signifikant fraßhemmend.

Ob von den anderen PAs in *E. vulgare* vergleichbare fraßhemmende Wirkungen ausgehen, kann mangels Daten nicht gesagt werden. Da im Choice-Test von allen getesteten PAs ab bestimmten Konzentrationen abschreckende Wirkungen ausgingen, ist es sehr wahrscheinlich, dass auch die anderen *Echium*-PAs ähnliche Effekte bewirken. Die Analyse von Echium-Pollen zeigte einen PA-Gesamtgehalt (RÄ) von 1,5 mg/g RÄ (ca. 4 mg/g Gesamt-PA-Gehalt) und in *Echium*-Nektar 0,02 mg/g RÄ (ca. 0,05 mg/g Gesamt-PA-Gehalt) (s. Abschnitt 3.1.3). Der PA-Gehalt von *Echium*-Pollen liegt an der oberen Grenze des Konzentrationsbereichs von 0,02 – 0,2 %, die in den Choice-Test-Versuchen mit Echimidin (tertiär und *N*-Oxid) signifikant fraßhemmend gewirkt haben.

Es wäre zu erwarten, dass Honigbienen die *Echium*-Pflanzen aufgrund des hohen PA-Gesamtgehaltes in den Pollen meiden. Das bereits erwähnte Vorkommen von *Echium*-Pollen in PA-positiven Honigen und Pollenprodukten (Kempf *et al.*, 2010a) und auch die eigenen Beobachtungen an *Echium*-Pflanzen geben jedoch eindeutige Hinweise auf das gegenteilige Verhalten.

Man kann vermuten, dass es einen Unterschied macht, mit welchen Vorhaben eine Biene eine Pflanze ansteuert; ob zur Aufnahme von Nektar über den Rüssel in den Honigmagen oder zum Sammeln von Pollenhöschen an den Beinen. Dabei muss berücksichtigt werden, dass es sich bei Pollen und Nektar um zwei räumlich voneinander getrennte verschiedene Zielobjekte der Biene handelt. Jedoch ist von einem Kontakt der Bienen mit den Pollen auszugehen, wenn sie an den Nektar einer Pflanze gelangen wollen.

Auch vor diesem Hintergrund scheint es nach wie vor unklar, worauf das häufige Auftreten von *Echium*-Pollen in Bienenprodukten zurückgeführt werden kann. Eine mögliche Erklärung dafür, dass die PAs im Pollen für die Bienen nicht wahrnehmbar sind, könnte die Lokalisierung der PAs in dem Pollenkorn liefern. Detaillierte Informationen liegen hierzu nicht vor. Die doppelwandige (Intine und Exine) harte Pollenwand besitzt eine hohe Beständigkeit und Resistenz gegenüber Erosion und chemischen Substanzen (Stanley und Liskens, 1985). Bezieht man die Methode zur Aufarbeitung von Pflanzenpollen für die PA-Analyse in die Überlegungen mit ein, lassen sich Hinweise auf die PA-Lokalisation finden. Die Pollen werden mit Cyclohexan von der außen liegenden Wachsschicht befreit. In der Waschlösung von *S. vernalis* Pollen wurden 25 % (überwiegend tertiäre PAs) des Gesamt-PA-Gehalt nachgewiesen (Kempf *et al.,* 2010c). Für Pollen von *E. vulgare* liegen hierzu keine Daten vor, aber von einem gewissen PA-Gehalt in der Wachsschicht ist auch hier auszugehen. In diesem Fall wäre auch zu erwarten, dass die Bienen die PAs wahrnehmen können. Im nächsten Schritt der Aufarbeitung müssen die Pollen unter Zugabe von Seesand und ein wenig Extraktionslösung im Mörser stark zerrieben werden. Lässt man diesen Schritt bei der Extraktion aus, erhält man auffällig niedrigere PA-Gehalte. Daraus lässt sich folgern, dass die Hauptmenge der PAs im Pollen in inneren Schichten lokalisiert ist und so für die Bienen weniger wahrnehmbar ist. Dies kann zur Folge haben, dass die hohen PA-Gehalte des *Echium*-Pollens entgegen den Erwartungen das Sammelverhalten der Biene nicht beeinflussen. Ein Monitoring des Polleneintrages von einem Bienenvolk an aufeinanderfolgenden Tagen (gleicher Standort und unveränderte Vegetation) hat gezeigt, dass an den unterschiedlichen Tagen unterschiedliche Pflanzenpollen in den Stock eingetragen wurden. Durch die Variation des Pflanzenspektrums bei den Sammelflügen nimmt die Biene automatisch ein Vermischen der Pollen unterschiedlicher Herkunft vor (Winston, 1991). Dadurch wird auch PA-haltige Ladung durch die Biene „verdünnt“. Weitere Details hierzu sollen später noch ausführlicher besprochen werden.

Neben beiden Formen des Echimidins als Modell-PA für *E. vulgare* wurden im Choice-Test als natürlich vorkommende PA-Gemische die tertiären PAs und die *N*-Oxide aus *S. vernalis* getestet. Die PA-Gehalte in den nativen Pollen (als eins der Zielobjekte der Biene bei der Nahrungssuche) bei *S. vernalis* mit ca. 4 mg/g RÄ liegen in einer vergleichbaren Größenordnung wie bei *E. vulgare* mit ca. 1,5 mg/g RÄ (Kempf *et al.*, 2010a) (s. Abschnitt 3.1.3). Mit den PA-Gemischen aus *S. vernalis* konnten ähnliche Beobachtungen gemacht werden.

Alle PAs, die unter Choice-Bedingungen getestet wurden, liefern die gleiche Bestätigung. Hat die Biene die Wahl, dann bevorzugt sie eindeutig weniger hoch konzentrierte PA-Futter. Diese Ergebnisse stimmen mit den Versuchen unter No-Choice-Test-Bedingungen nicht zu 100 % überein. Das Fraßverhalten der Bienen von PA-*N*-Oxiden aus *S. vernalis* wurde unter No-Choice-Bedingungen erst ab einer Konzentration > 0,2 % signifikant beeinflusst. Diese fraßhemmende Konzentration ist um Faktor 10 bzw. 100 größer als die unter Choice-Bedingungen. Eine totale Ablehnung des Futters würde für die Biene im No-Choice-Test jedoch weiteres Hungern bedeuten. Dies kann einen Einfluss auf die größere Akzeptanz gegenüber PA-haltigem Futter ausgeübt haben.

Singaravelan *et al.* analysierten ebenfalls in Choice-Tests mit frei fliegenden Honigbienen (*Apis mellifera*) unter natürlichen Gegebenheiten das Fraßverhalten gegenüber Nikotin, Anabasin und Koffein. Es handelt sich hierbei um Alkaloide, die im Nektar von *Nicotaniana* spp. bzw. *Citrus* spp. enthalten sind. Die Blüten dieser Pflanzen werden häufig von Honigbienen angeflogen. Dort wurde gezeigt, dass Honigbienen von den natürlichen Konzentrationen der Alkaloide im Nektar nicht abschreckend beeinflusst wurden. Es stellte sich sogar heraus, dass teilweise von den geringer konzentrierten Testsubstanzen mehr konsumiert wurde als von den Kontrolllösungen. Diese Sekundärstoffe können im Nektar für die Bienen auch eine Art Signalstoff für bekannte Nahrung darstellen, die durch andere Inhaltsstoffe (wie z.B. Zucker) attraktiv auf die Bienen wirkten (Singaravelan *et al.*, 2005). Ein großes Auswahlkriterium für eine Honigbiene stellt der Zuckergehalt des Blütennektars dar. Je höher dieser ist, umso attraktiver ist die Blüte für die Biene (Detzel und Wink, 1993; Gegear *et al.*, 2007). Die Biene besitzt eine stark entwickelte Lernfähigkeit. So kann sie auch schnell lernen, bestimmte Aspekte wie Farbe, Geruch und Form mit einer attraktiven oder auch nicht attraktiven Futterquelle zu verbinden und gezielt einige Pflanzen bevorzugen und andere meiden (Gould und Gould, 1995).

4.2 Toxizität von Pyrrolizidinalkaloiden gegenüber dem Bienenvolk

Neben dem Einfluss von PAs auf das Fraßverhalten der Honigbiene konnten in den No-Choice-Laborexperimenten auch Informationen bezüglich der Toxizität verschiedener PAs auf die Insekten gewonnen werden. Zu Beginn der Arbeit gab es nahezu keine Informationen zu möglichen toxischen Wirkungen von PAs auf die Honigbiene. Lediglich Detzel und Wink testeten den Einfluss von Heliotrin, einem Vertreter der PA-Monoester des Lycopsamin-Typs, und haben hierfür in einem anderen Versuchssetup einen LD_{50}-Wert von 0,1 % bestimmt (Detzel und Wink, 1993).

Sowohl das tertiäre PA-Gemisch aus *S. vernalis* als auch reines Monocrotalin besitzen in hohen Konzentrationen (2 %) ausgeprägte Toxizitätsprofile. Mehr als die Hälfte der Bienen verstarben jeweils nach einem Zeitraum von > 30 h.

Anhand dieser Ergebnisse ist es nahe liegend, dass der toxischen Wirkung der tertiären 1,2-ungesättigten PAs ebenfalls eine Bioaktivierung durch Cytochrom-P450-Monooxigenasen des Xenobiotika-Stoffwechsels zugrunde liegt. Dieser Mechanismus der Selbstvergiftung sind von den Wirbeltieren bekannt (Hartmann, 2009). Er kann aber auch bei Insekten erwartet werden, da diese ebenfalls über entsprechende Enzyme verfügen (Schuler, 1996).

Ausgehend von dem Ergebnis von Detzel und Wink wären toxische Effekte bereits ab einer Konzentration um den Faktor 10 niedriger zu erwarten. Dabei muss jedoch bedacht werden, dass grundlegende Unterschiede in den Test-Bedingungen bestanden. Während in den eigenen, an die Guidlines zum Testen von Chemikalien an Honigbienen von der OECD angelehnten Versuchen die toxischen Wirkungen nach kurzzeitiger PA-Aufnahme (Pulsfütterung von 2 h) ermittelt werden sollten, liegt dem Ergebnis von Detzel und Wink eine kontinuierliche PA-Fütterung über 48 h zugrunde. Dadurch lässt sich erklären, dass bei der vergleichbaren Konzentration (0,2 %) tertiärem PA-Gemisch bzw. Monocrotalin niedrigere Mortalitätsraten beobachtet wurden. Beide Versuchsreihen zeigten generell, dass erwachsene Bienen überraschend PA-tolerant sind und die Fähigkeit besitzen, mit verhältnismäßig hohen PA-Mengen in der Nahrung umgehen zu können.

Die PA-Gehalte, die in einzelnen Bienen des Versuchs mit 2 %-iger Lösung des tertiären PA-Gemischs in den verschiedenen Gruppen (früh verstorben, am Versuchsende verstorben und Überlebende) zu finden waren, schwankten selbst unter den idealisierten Laborbedingungen innerhalb der eng miteinander verwandten Individuen stark. Die Gehalte unterschieden sich im deutlichsten Fall um den Faktor 10. Während der Versuchsdurchführungen haben die Bienen, bedingt durch ihr ausgeprägtes Hygieneverhalten, die Kotausscheidung im Käfig, der für sie einen simulierten Bienenstock darstellte, vermieden. Folglich konnte keine Reduzierung der aufgenommen PA-Menge über eine schnelle Exkretion erfolgen. Einige angepasste Generalisten wie z.B. *S. littoralis* (Noctuidae) sind in der Lage durch eine wirkungsvolle Exkretion resorbierter PAs die toxische Wirkung zu kontrollieren (Hartmann und Ober, 2000).

Auffällig war beim Vergleich der **mittleren PA-Gehalte** in den einzelnen Gruppen, dass er bei den überlebenden Bienen mit 50 µg/Biene deutlich unter denen der Gruppen der früh verstorbenen Bienen (mit 175 bzw. 250 µg/Biene) lag. In einzelnen überlebenden Individuen wurden jedoch auch Maximal-Gehalte von 125 bis nahezu 200 µg festgestellt. Die tatsächlichen PA-Gehalte können auch noch höher gewesen sein, da bei der Quantifizierung lediglich die löslichen und extrahierbaren PAs erfasst wurden. Zellgebundene und bereits teilweise oder vollständig degradierte PAs sind nicht berücksichtigt.

Bei einem Körpergewicht der Bienen von 80 – 150 mg (Winston, 1991) stellt der Maximalwert von 200 µg PA einen Anteil von bis zu 0,2 % des Körpergewichtes dar. Dies impliziert eine hohe Toleranz der adulten Honigbiene gegenüber den toxischen Sekundärstoffen.

Die natürlichen PA-Gehalte in Pflanzen liegen unterhalb der 2 %-Konzentration, für die toxische Wirkungen auf adulte Bienen beobachtet wurden. So erscheint ein negativer Einfluss der PAs auf adulte Arbeiterinnen unter natürlichen Umständen nicht als realistisch. Zusätzlich ist die Wahrscheinlichkeit sehr gering, dass Bienen sich über einen längeren Zeitraum ausschließlich an hochkonzentrierten PA-haltigen Pflanzen bei ihrer Nahrungssuche bedienen. Es ist davon auszugehen, dass während eines Sammelflugs verschiedene Pflanzen aufgesucht werden, wodurch PA-haltige Ladung der Biene (sowohl die Nektar- als auch die Pollenmenge) in gewisser Weise „verdünnt" werden kann.

Pflanzliche Pollen besitzen einen Proteingehalt von 6 bis 28 %. Sie stellen somit die exklusive Proteinquelle der Bienen dar. Die erwachsene Biene nimmt den Pollen zu sich und verdaut diesen im Darm, teilweise unter mechanischer und teilweise unter enzymatischer Aufspaltung. Die benötigten Nährstoffe wie Proteine und Fette, werden über die Darmwandzellen in die Hämolymphe (Blut der Insekten) transportiert und gelangen unter anderem in die Hypopharynxdrüse zur Bildung des Futterexkrets für die Larven- und Königinnenaufzucht. Neben diesem Futtersaft stehen auf dem Speiseplan der Larven geringe Mengen des reinen gehöselten Pollens und Honig. Für die Aufzucht einer Arbeiterinnenlarve werden im Durchschnitt 125 – 145 mg Pollen mit einer Gesamtmenge von ungefähr 30 mg Protein benötigt (Winston, 1991). Somit wird deutlich, dass die Larven, abhängig von der pflanzlichen Herkunft des von der erwachsenen Biene in den Bienenstock eingetragenen Pollens und Nektars, mit ihrer Nahrung PAs zu sich nehmen können.

Bienenlarven sind sehr empfindliche Individuen, die innerhalb der kurzen Zeit von 21 Tagen eine vollständige Entwicklung vom Ei zum lebensfähigen Insekt durchmachen (Winston, 1991). Deshalb ist es auch interessant, inwieweit diese Entwicklung und damit auch der Fortbestand der Kolonie durch die potentiell toxischen Pflanzen-PAs gefährdet sind.

Die Larven der Honigbiene zeigten sich in Fütterungsversuchen als deutlich empfindlicher gegenüber PAs in ihrer Nahrung als die erwachsenen Bienen. Dies zeigte sich unabhängig davon, ob es sich um die tertiäre, die *N*-oxidierte, die 1,2-ungesättigte oder die 1,2-gesättigte Form handelte. Alle getesteten PA-Formen störten in hohen Konzentrationen die Entwicklung zur ausgewachsenen Biene und es resultierten Mortalitäten von bis zu 100 %. Auch hier stellt die tertiäre Form die deutlich toxischere (Faktor 10) im Vergleich zum N-Oxid dar.

Die maßgebliche Gefährdung der Larve ist im Fall einer unglücklichen Dauerbelastung mit PA-haltigen Pollen (z.B. Echium-Pollen mit einer abgeschätzten Gesamt-PA-Menge von 4 mg/g, s. Tabelle 3) und Futtersaftexkret nicht auszuschließen. Solange jedoch die erwachsenen Bienen in einem Zeitraum eine große Vielfalt an Pflanzen (PA-haltig und nicht PA-haltig) als Nektar- und Pollenquelle zur Verfügung haben, ist durch das Vermischen des Nektars und Pollens von einer PA-Verdünnung auszugehen. So ist auch für die Larven mit einer PA-Dauerbelastung nur unter denkbar ungünstigen Bedingungen zu rechnen.

Die hohen Mortalitätsraten des *N*-Oxids erscheinen einem auf den ersten Blick ein wenig überraschend, unter anderem weil die *N*-oxidierte Form auf die adulten Bienen keine erkennbaren toxischen Effekte (während der 48 h Versuchszeit) ausübte. Dies lässt die

Vermutung aufkommen, dass in den Larven durch passive Reduktion in die tertiäre protoxische Form eine körpereigene Vergiftung von statten geht, wie sie von Vertebraten bekannt ist (Fu *et al.*, 2004). Die zeitliche Verzögerung der Mortalitätsentwicklungen des *N*-Oxids verglichen mit denen des tertiären PAs untermauert diese Vermutung. Eine Bestätigung brachten die LC-MS-Analysen der mit Monocrotalin-*N*-Oxid gefütterten Bienenlarven (s. Abschnitt 3.2.4). Der qualitative Nachweis von tertiärem Monocrotalin in den Larvenkörpern spiegelt einen unspezifischen Reduktionsmechanismus von PA-*N*-Oxiden wie auch in den erwachsenen Bienen wider.

Fraglich hingegen erscheint die Mortalität, die durch das 1,2-gesättigte Dihydromonocrotalin auf die Larven ausgeübt wurde. Für diese Form der PAs wurde bei anderen Lebewesen keine toxische Wirksamkeit nachgewiesen (Culvenor *et al.*, 1976; Mattocks, 1986). Auch die eigenen Versuche mit den adulten Bienen bestätigen, dass diese Form keine toxische Wirkung auf ausgewachsene Bienen besitzt (s. Abschnitt 3.2.2). Durch das gesättigte Ringsystem ist die Möglichkeit zur Bildung der reaktiven Pyrrolstrukturen und somit der Bioaktivierung durch P450-Monooxygenasen nicht gegeben. Es liegen derzeit auch keine weiteren Informationen über mögliche Bioaktivierungswege dieser PA-Strukturen vor. 1,2-gesättigte PAs stellen ebenfalls Produkte des pflanzlichen Sekundärstoffwechsels dar und sind in gewissem Ausmaß in PA-Pflanzen präsent (Hartmann und Witte, 1995). Dadurch ist es durchaus nachvollziehbar, dass auch sie auf einzelne Individuen toxische Wirkungen ausüben. Im Fall der Bienenlarven konnten toxische Wirkungen jedoch nur in sehr hohen Konzentrationen (2 %) beobachtet werden (s. Abschnitt 3.2.4). Die Frage nach ihrer ökologischen Rolle als Schutz gegen Fraßfeinde durch abschreckende Wirkungen ist weitestgehend noch ungeklärt (Trigo, 2010). Von den polyphagen Arctiiden *Estigmene acrea* werden 1,2-gesättigte Pflanzen-PAs in gesättigte Insekten-PAs umgewandelt und wie die 1,2-ungesättigten PAs in das Pheromon Hydroxydanaidal umgebaut und als Sexuallockstoff genutzt (Hartmann *et al.*, 2005).

Ein Vergleich der toxischen Wirkungen von tertiären, *N*-oxidierten und 1,2-gesättigten PA-Formen auf Bienenlarven zeigt jedoch, dass die Erwartungen zumindest in einem gewissen Ausmaß erfüllt wurden. Die toxische Wirkung wurde ausgehend von dem tertiären Monocrotalin über das Monocrotalin-*N*-Oxid bis zum 1,2-Dihydromonocrotalin jeweils um den Faktor 10 geringer. Dies zeigt zwar eine Empfindlichkeit der Bienenlarven gegenüber dem *N*-Oxid und der 1,2-gesättigten Form, allerdings erst bei

verhältnismäßig hohen Konzentrationen von 0,2 bzw. 2 %. Die toxischste Form stellt, wie erwartet, das tertiäre PA bereits in Konzentrationen von 0,02 % dar.
Zwei Aspekte können als Schlussfolgerung aus den Untersuchungen zur Toxizität gezogen werden. Zum einen stellt das natürliche PA-Vorkommen für die adulte Honigbiene aufgrund ihrer hohen Toleranz PAs gegenüber keine Gefahr dar. Im Gegensatz dazu ist für die Larve, im Fall eines hohen PA-Eintrages über Pollen in den Bienenstock, durch ihre deutlich höhere Empfindlichkeit gegenüber PAs eine Gefährdung nicht auszuschließen.

4.3 Metabolismus und Entgiftung

Bei der Honigbiene konnten durch chemische Analysen Indizien für die bekannten Bioaktivierungsmechanismen nachgewiesen werden. In den Laborversuchen waren von den PA-*N*-Oxiden ausgehend keine toxischen Folgen (innerhalb von 48 h) feststellbar. Doch die weiteren Untersuchungen haben gezeigt, dass in den erwachsenen Insekten auch ein Mechanismus zur passiven, unspezifischen Reduktion (bis zu 70 %, s. 3.2.2) der nicht toxischen *N*-oxidierten Form in die pro-toxische tertiäre Form abläuft. Somit wäre nach einem längeren Zeitraum damit zu rechnen, dass ähnliche toxische Wirkungen durch die entstandenen pro-toxischen Formen auftreten, wie es in den Fütterungsversuchen mit tertiären PAs eingetreten ist. Inwieweit diese Vermutung unter natürlichen Umständen eine Relevanz besitzt, ist jedoch fraglich. Denn es muss beachtet werden, dass die Bienen sich in den Käfigen nicht durch Exkretion von den Substanzen befreien konnten. Dadurch konnte es zu einer höheren Verweildauer der PAs in der Biene kommen, als es unter natürlichen Bedingungen zu erwarten ist. Aufgenommene PAs könnten von der Biene durch Exkretion rasch entfernt werden, bevor es zur toxischen Wirksamkeit kommt. Zusätzlich stellte sich bei den Analysenergebnissen der PA-*N*-Oxid-gefütterten Bienen als auffällig heraus, dass die nach Reduktion der *N*-Oxide resultierenden Mengen an tertiärem PA pro Biene eine Gesamtmenge von 50 µg nicht überschritten haben. Sie lagen damit in dem Bereich der PA-Gehalte der **überlebenden Bienen** bei den Fütterungsversuchen mit tertiären PAs, die keine sichtbare toxische Wirkung davongetragen hatten. Es stellt sich die Frage, ob nach einem längeren Zeitraum (> 48 h) der Anteil der aus den *N*-Oxiden reduzierten PAs in den Bienen weiter ansteigen würde. Der Gesamtgehalt an tertiären PAs könnte dann die toxisch wirksamen Mengen im Körper erreichen. Eine Verlängerung der Versuchsdauer ist aufgrund der Natur der Honigbiene nur wenig sinnvoll. Die 48 h stellten erfahrungsgemäß den Zeitraum dar, in der mit Bienen in 10er-Gruppen reproduzierbare, aussagekräftige Versuchsergebnisse erzielt werden können. Effekte wie eine ansteigende Mortalität und Fraßvermeidung könnten bei einer längeren Versuchsdauer nicht mehr mit Sicherheit auf die PAs zurückgeführt werden. Eine „Vereinsamung" der sozial lebenden Insekten, die zum Überleben auf die Gesamtheit des Volkes angewiesen sind (Tautz, 2007), kann dann als Ursache nicht mehr ausgeschlossen werden.

Im Folgenden soll die Frage aufgegriffen werden, ob das ausbleibende Koten der Bienen unter den Haltungsbedingungen im Käfig, wie vermutet, für das Auftreten der Mortalität bei den erwachsenen Bienen mit verantwortlich gemacht werden kann. Anhand der Untersuchungen mit ^{14}C-markierten PAs wurden Informationen darüber gewonnen, wie aufgenommene 1,2-ungesättigte PAs in tertiärer und *N*-oxidierter Form innerhalb einer Biene metabolisiert werden (s. Abschnitt 3.2.2). Durch die Bestimmung der Radioaktivitätsverteilungen in einzelnen Bienenorganen wie Hämolymphe, Honigmagen, Darm, Kotblase und Panzer (entspricht einem Großteil des Fettkörpers) konnte der Weg der PAs in der Biene über eine Zeit von 48 h nachvollzogen werden. Die grundlegenden Erkenntnisse lassen sich wie folgt zusammenfassen. Sie bieten Erklärungsansätze für die in den Fütterungsversuchen beobachtete erstaunlich hohe Toleranz der adulten Bienen gegenüber PAs aus der Nahrung.

Es findet so gut wie keine Resorption der PAs in die Hämolymphe statt. So kann ausgeschlossen werden, dass diese in die sich im Kopf befindende Hypopharynxdrüse (Bildung/Ausscheidung des Futterexkretes zur Larven- und Königinfütterung) gelangen. Eine PA-Weitergabe von den Ammenbienen an die Larven/Königin über diesen Weg kann somit ausgeschlossen werden. Die PAs „wanderten" im Laufe der Zeit über den Darm bis in die Kotblase, so dass zu erwarten ist, dass die Bienen die PAs bei der nächsten Gelegenheit außerhalb des „Bienenstocks" (hier der Käfig) exkretieren. Anhand der geringen Menge an Radioaktivität, die im Panzer (Fettkörper) nachgewiesen wurde, lässt sich ableiten, dass sich die toxischen PAs nicht im Fettkörper anreichern werden, wie es für andere Substanzen, beispielsweise Insektizide, nachgewiesen wurde (Yu *et al.*, 1984). Die Biene toleriert aufgenommene PAs und entledigt sich ihrer durch eine möglichst schnelle Ausscheidung. Solche Mechanismen zur effektiven Exkretion und somit Umgehung toxischer Wirkungen sind auch von anderen angepassten

Generalisten beispielsweise *S. littoralis* (Noctuidae) bereits bekannt (Hartmann und Ober, 2000).

Eine Sequestrierung der PAs, wie sie teilweise bei spezialisierten Insekten beobachtet wird (Hartmann und Ober, 2008), konnte in den Bienen nicht nachgewiesen werden. Vielmehr wurde durch chemische Analysen einzelner Bienen nach Fütterung mit dem tertiären PA-Gemisch festgestellt, dass der geringe Teil der resorbierten PAs das PA-Muster der gefütterten Lösungen widerspiegelt. Eine Metabolisierung in andere PA-Strukturen, die z.B. die Ausscheidungsrate verändern könnte, wurde ebenso wenig beobachtet wie eine PA-strukturabhängige Diskriminierung bzw. Präferenz bei der geringen Resorption von PAs (s. Abschnitt 3.2.2, Abb. 34).

Einzig der Mechanismus, über den aus nicht toxischen *N*-Oxiden die toxisch wirksamen tertiären PAs gebildet werden, konnten in adulten Bienen analytisch belegt werden. Hierbei handelt es sich um einen unspezifischen Reduktionsvorgang, der generell, mit Ausnahme einiger angepasster Arten (Hartmann und Ober, 2000), in Tieren abläuft (Fu *et al.*, 2004).

Zusätzlich wurde untersucht, ob auch die Biene in der Lage ist, durch aktive *N*-Oxidierung aufgenommene tertiäre PA-Strukturen zu entgiften. Verschiedene Insekten haben im Lauf der Evolution diese Fähigkeit entwickelt. Sie haben sich so an die Abwehr-Strategien der Pflanzen angepasst und können unbeschadet mit ihnen umgehen. So re-oxidieren beispielsweise *T. jacobaea* und *C. transiens* (Arctiidae) resorbierte PAs und sequestrieren sie (Hartmann und Ober, 2000, Hartmann und Ober, 2008). Diese Möglichkeit wurde über die chemische Analyse von adulten Bienen, die tertiäre PAs zu sich genommen hatten, überprüft. Am Versuchsende war das aufgenommene Spektrum tertiärer PAs unverändert in den Bienen enthalten (s. Abschnitt 3.2.2, Abb. 34) und es konnten keine *N*-oxidierten PAs nachgewiesen werden. Zu der Entgiftung tertiärer PAs durch *N*-Oxidation ist die Honigbiene nicht in der Lage. Es bleibt ihr nur der Weg der effektiven Exkretion der PAs, nachdem diese das Verdauungssystem durchlaufen haben.

Solange sich die aufgenommenen PAs jedoch im Honigmagen der Biene befinden, werden diese im Rahmen der Trophallaxis teilweise an andere adulte Bienen übergeben. Dies haben die Untersuchungen zur PA-Weitergabe zwischen erwachsenen Bienen bestätigen können. Bei höheren PA-Konzentrationen war dies in geringerem Ausmaß festzustellen (4 statt 15 %, S. Abschnitt 3.2.2). So kann erwartet werden, dass eine extrem hoch mit PAs kontaminierte Ladung einer Sammelbiene weniger gern von den Stockbienen in Empfang genommen wird. Durch diesen Effekt würden die Bienen zu einem kleinen Teil dem Eintrag der toxischen PAs in den Bienenstock positiv entgegenwirken.

Im Bienenstock wird der Honigmageninhalt, den die Stockbiene von der Sammelbiene übernommen hat, in die Zellen der Waben als fertiger Honig eingelagert. Dies ist letztlich auch eine Erklärung für das in den verschiedenen Untersuchungen aufgedeckte PA-Vorkommen im Honig (Kempf *et al.*, 2010a).

Es ist also davon auszugehen, dass zusätzlich zu direkt eingelagerten Pollenhöschen weitere PAs, die aus PA-haltiger Nahrung der adulten Biene in den Honigmageninhalt extrahiert wurden, in den Bienenstock gelangen und so bei den Larven ankommen können.

Die Untersuchungen haben gezeigt, dass die Honigbiene aus unseren Breiten sich im Laufe der Zeit nicht durch die Entwicklung von speziellen Entgiftungsmechanismen an die 1,2-ungesättigten PAs in ihren Nahrungspflanzen angepasst hat. Sie erhöht mehr oder weniger selber, wie alle anderen nicht angepassten Spezies, durch unspezifische Reduktionsmechanismen nicht toxischer PA-*N*-Oxide die eigene Vergiftungsgefahr. Die 1,2-ungesättigten PAs, die sich für die Biene generell als toxisch erwiesen haben, sind die PAs mit dem häufigsten natürlichen Vorkommen (Hartmann und Witte, 1995). Auch die Tatsache, dass die nektarliefernden Pflanzen die PAs meist in der Form der nicht toxischen *N*-Oxide enthält (Hartmann und Witte, 1995), verringert die potentielle Gefahr für die Bienen aufgrund der körpereigenen Reduktion nur wenig. Doch ihre hohe Toleranz gegenüber PAs und die unter natürlichen Lebensbedingungen nicht zu erwartende Resorption von PAs gestatten der Arbeiterin den nahezu gefahrfreien Umgang mit PAs im Futter.

Anders kann man die Situation jedoch bei den Larven erwarten. Sie stellten sich, den Erwartungen entsprechend, deutlich empfindlicher gegenüber PAs in ihrer Nahrung heraus. Für die Aufzucht der Larven werden neben den Futtersaftexkreten der Hypopharynxdrüse auch eingelagerter Honig und Pollen direkt von den Ammenbienen an den Nachwuchs gefüttert. Der Gesamtbedarf an Honig einer Larve zur vollständigen Entwicklung beträgt im Durchschnitt 142 mg (Winston, 1991). Eine Übersicht über die PA-Gehalte in Honig ist in einem Übersichtsartikel von Kempf *et al.* gegeben. Die höchste PA-Belastung durch Honig, die für die Larve entstehen kann, wäre durch den *Senecio-*

Honig mit einem PA-Gehalt von 13019 µg/kg (RÄ) gegeben (Kempf *et al.*, 2010b). In einem „worst-case Szenario" entsprächen dann 142 mg Honig einer PA-Menge von 1,85 µg (RÄ). Die Versuche mit den Larven haben ergeben, dass von 0,02 % (ca. 13,5 µg RÄ/142 mg) tertiärem Monocrotalin bzw. 0,2 % (ca. 129 µg RÄ/mg) Monocrotalin-*N*-Oxid toxische Wirkungen ausgehen (s. Abschnitt 3.2.4). Bei dem Verhältnis tertiären PAs/*N*-Oxiden von im Durchschnitt 1/1 in den *Senecio*-Honigen (Kempf *et al.*, 2010b) geht selbst im schlimmsten Fall durch den Honig allein keine Gefahr für die Larven aus.

Im Fall des Pollens sieht die Situation für die Larve deutlich anders aus. Sie deckt während ihrer Entwicklung ihren gesamten Proteinbedarf über 125 – 145 mg Pollen in ihrer Nahrung (Winston, 1991). Die Gehalte von nativen Pollen und gehöselten Pollen sind sehr verschieden. Geht man auch hier von dem ungünstigsten anzunehmenden Fall aus, ist ein maximal gefundener PA-Gehalt in nativem Pollen von *S. vernalis* mit 4,1 mg/g (ca. 1,8 mg/g RÄ) (Kempf *et al.*, 2010c) heranzuziehen. Bezogen auf den Pollen-Bedarf der Larve von 145 mg ergibt dies eine Belastung mit 0,26 mg/g RÄ während ihrer Entwicklung. Dies entspricht PA-Mengen, die für die Larven toxische Folgen haben. Jedoch wird diese Extremsituation durch den Vergleich der PA-Gehalte der gehöselten Bienenpollen deutlich entschärft. Die Gehalte, die hierfür bestimmt wurden, liegen im Mittel bei 5,17 µg/g RÄ und im Fall des Höchstwerts bei 16,35 µg/g RÄ (Boppré *et al.*, 2008). Dies macht in einer Pollen-Menge von 145 mg einen PA-Gehalt von 0,75 bzw. 2,4 µg RÄ. Die Konzentrationen liegen um den Faktor 1000 unter dem der nativen Pollen (µg/g statt mg/g). Nach diesen Daten besteht durch die von den Bienen gesammelten und in den Stock eingetragenen gehöselten Pollen keine Gefahr für die Larve. Selbst der maximale PA-Gehalt von 2,4 µg/145 mg RÄ liegt unter der PA-Menge von 13,5 µg RÄ, bei der in den Laborexperimenten toxische Effekte eingetreten sind.

Bei ihren Sammelflügen fliegt die Biene immer eine Vielfalt von Pflanzenarten an, die sie auch von Tag zu Tag auf natürliche Weise variiert. Dass eine einzige (PA-haltige) Pflanzenart über einen längeren Zeitraum der Biene als Quelle dient, ist nicht zu erwarten (Winston, 1991). Dies zeigt auch der Vergleich der PA-Gehalte der gehöselten (Faktor 1000 niedriger) mit nativen Pollen. Ein Eintrag sortenreiner Pollenhöschen, deren PA-Gehalte an die der nativen Pollen (Kempf *et al.*, 2010c) herankommen, ist nur schwer vorstellbar. Durch das entwickelte Sammelverhalten der Biene bedingt ist von einer automatischen Verdünnung PA-haltiger Ladung auszugehen.

Aufgrund der Notwendigkeit, einen ausreichenden Vorrat für das Überwintern des Volkes zu sammeln, ist die Honigbiene von einem reichhaltigen Nahrungsangebot über den Zeitraum von Frühjahr bis Herbst abhängig. Die Biene ist automatisch und zwangsläufig ein Generalist, da ein ganzes Volk über das Jahr und den Winter versorgt werden muss. Zwar nutzen sie PA-haltige Pflanzen als Nahrungsquelle und besitzen keine Mechanismen, PAs zu entgiften oder umzuwandeln, doch dafür hat sie andere effektive Strategien zum eigenen Schutz entwickelt. Die Honigbiene hat sich an das Vorkommen PA-haltiger Pflanzen in ihrem Umfeld teilweise angepasst. Sie kommt mit den natürlichen PA-Gehalten zurecht. Betrachtet man dies vor dem Hintergrund der Koevolution, erscheint dies auch keinesfalls verwunderlich. Als Folge des Aufeinandertreffens von bestäubender Biene mit PA-Pflanze ergeben sich drei Möglichkeiten. Dies wäre einerseits eine toxische Wirkung der PAs auf die Biene, aufgrund der die Biene allerdings nicht bis heute hätte bestehen können. Andererseits wäre es möglich, dass sie gelernt hätte, entsprechende Pflanzen zu meiden. Die dritte Möglichkeit, die auch im Fall der Honigbiene zutreffend ist, stellt eine Anpassung an die toxischen Sekundärstoffe dar. Sie spiegelt sich zum einen in der hohen Toleranz der erwachsenen Biene gegenüber PA-Gehalten und aber auch allein in dem speziellen Sammelverhalten der Biene wieder.

4.4 *Echium vulgare* – Aufeinandertreffen von Honigbiene und Pyrrolizidinalkaloiden

Wie bereits zuvor beschrieben ist *E. vulgare* eine attraktive Futterpflanze für die Honigbienen. Dies zeigen beispielsweise die Nachweise von *Echium*-Pollen und *Echium*-PAs in PA-positiven Honigen, die über die Biene eintragen worden sein müssen (Kempf *et al.,* 2008; Kempf *et al.,* 2010b). *E. vulgare* gehört zu den PA-haltigen Pflanzen innerhalb der Familie der Boraginaceae und ist weltweit verbreitet (Kempf *et al.,* 2010b).

Einen Großteil ihres Nahrungsbedarfs deckt die Honigbiene über das Sammeln von Nektar und Pollen (Winston, 1991). Während der Sammelflüge übernimmt sie für die Pflanze eine sehr wichtige Rolle: die Bestäubung (Fluri und Pickhardt, 2003).

Die unterschiedlichen Blumen-Merkmale haben sich im Laufe der Evolution durch die

Interaktion zwischen Pflanze und Bestäuber entwickelt. Einen großen Einfluss auf die Pflanzen-Charaktere haben ebenfalls die verschiedenen Herbivoren durch die Beschädigung der für die Reproduktion der Pflanze wichtigen Organe (z.B. Stempel, und Staubbeutel) ausgeübt (Gegear *et al.*, 2007). Eine Reaktion der Pflanze auf die herbivoren Angriffe stellte die Bildung von Sekundärstoffen dar, durch die die Angriffe der Schädlinge reduziert werden sollen (Hartmann, 1985).
Im Nektar von Pflanzen lassen sich sowohl essentielle Primärstoffe (wie Zucker und Aminosäuren) als auch Stoffe des Sekundärstoffwechsels (z.B. Alkaloide, Phenole, nicht proteinogene Aminosäuren) finden (Baker, 1977; Detzel und Wink, 1993; Liu *et al.*, 2004). Als eine Hauptfunktion des Nektars wird die Vergütung der Bestäuber gesehen, auf die die Pflanzen hinsichtlich ihrer Vermehrung angewiesen sind (Kessler und Baldwin, 2007). Die Attraktivität einer Pflanze für Bestäuber ist sehr stark von der Menge nutzbringender Substanzen im Nektar, insbesondere dem Zuckergehalt, abhängig (Detzel und Wink, 1993). Einige bestäubende Insekten lernen ebenfalls weitere Signale wie die Farbe (Flavonoide, Anthocyane) und den Duft (ätherische Öle) mit einer schmackhaften Futterquelle zu verbinden, während andere Bestäuber den Nektar erst testen müssen (Gegear *et al.*, 2007; Kessler und Baldwin, 2007). So kann eine Blüte auch abschreckende Signale von sich geben, z.B. durch nicht schmackhafte Nektarbestandteile oder unangenehme flüchtige Substanzen. Über eine Erhöhung des Zuckergehalts im Nektar können mögliche abschreckende Faktoren überdeckt werden, wodurch sekundärstoffhaltigem Nektar eine höhere Zuckerkonzentration nachgesagt wird. Dies wäre vergleichbar mit dem genießbar machen von Kakao für den Menschen durch Zuckerzusatz in Schokolade (Gegear *et al.*, 2007). Es findet ein Abwägen vom Insekt zwischen Nutzen (Nährwert) und Schmackhaftigkeit statt. Überwiegen die abschreckenden Wirkungen, würde dies nachteilige Folgen für die Pflanze haben und ihre Fortpflanzung wäre gefährdet (Gegear *et al.*, 2007). Durch abschreckende Signale auf die Allgemeinheit der Insekten ist für die Pflanze die Möglichkeit zur selektiven Anlockung bestimmter Bestäuber (Spezialisten) gegeben, auf die die Sekundärstoffe als positive Signale wirken können.

Im Rahmen dieser Arbeit wurde *E. vulgare* als Model auf PAs (toxische, fraßhemmende Produkte des Sekundärstoffwechsels) untersucht. Die Profile der toxischen PAs sind innerhalb der unterschiedlichen Pflanzenteile sehr verschieden. Durch den Vergleich mit Daten aus der Literatur lassen sich regionale Unterschiede feststellen (Boppré *et al.*,

2008; Betteridge *et al.*, 2005). Als eine Gemeinsamkeit lässt sich das dominierende Auftreten (70-80 %) der *N*-Oxide (vgl. Abschnitt 3.1.1) hervorheben. Die über die eigenen Ergebnisse als Haupt-PAs identifizierten *N*-Oxide von Vulgarin, Echimidin, Acetylvulgarin und Acetylechimidin (s. Abb. 21) stimmen mit denen der Literatur überein. Boppré *et al.* haben in Pollenhöschen von Bienen, die an Pflanzen von *E. vulgare* abgefangen wurden, ebenso wie Betteridge *et al.* in Honigen von *E vulgare,* als dominantesten Vertreter Echivulgarin-*N*-Oxid identifiziert (Boppré *et al.*, 2008; Betteridge *et al.*, 2005). Dieses PA wurde in den eigenen Versuchen nicht nachgewiesen (s. Abschnitt 3.1.1).

Als PA-Gesamtgehalte in den für die Bienen relevanten Pflanzenteilen wurde in den nativen Pollen ein vergleichsweise hoher Gehalt mit 1,5 mg/g RÄ (näherungsweise 4 mg/g Gesamtgehalt) bestimmt. Echium-Nektar besitzt mit 15,8 µg/g RÄ (näherungsweise 0,05 mg/g) den im Vergleich zu den restlichen Organen niedrigsten PA-Gehalt (vgl. Abschnitt 3.1.3, Abb. 26 bzw. Tabelle 3). Der im Pollen ermittelte PA-Gehalt kann mit den Ergebnissen zu den Pollenhöschen von Boppré *et al.* verglichen werden (Boppré *et al.*, 2008). Man kann hier von mehr oder weniger sortenreinen *Echium*-Pollenhöschen ausgehen, da sie von Bienen erhalten wurden, die bei ihrem Besuch an Pflanzen von *E. vulgare* abgefangen wurden. Mit einer geringfügigen Verdünnung durch als Kleber verwendeten Nektar und Speichel wurde in den Pollenhöschen ein PA-Gehalt von 0,35 mg/g gefunden, der mit dem eigenen Ergebnis in einer vergleichbaren Größenordnung liegt.

Zusätzlich zu dem Pollen-Ergebnis von Boppré *et al.* kann mit den Ergebnissen dieser Arbeit bestätigt werden, dass die im Honig gefundenen PAs zumindest teilweise sowohl aus dem Pollen als auch aus dem Nektar stammen. Für PA-Gehalte in Pflanzennektar liegen zum jetzigen Zeitpunkt keine weiteren Daten für vergleichende Aussagen vor. Als PA-Quelle wurde er bisher nur vermutet (Reinhard *et al.*, 2009).

In Nektar und Pollen von z.B. Tabak, Lupine, Tollkirsche und Engelstrompete konnten verschiedene Alkaloide nachgewiesen werden. Mit nur einer Ausnahme, der Engelstrompete, sind die Alkaloid-Gehalte im Pollen meist höher als im Nektar (Detzel und Wink, 1993).

Die Frage nach der Wirkung von Sekundärstoffen im Nektar gegenüber Bestäubern wurde bereits in zahlreichen Veröffentlichungen untersucht und diskutiert.

Bei den Versuchen von Detzel und Wink standen die Wirkungen von 63 Allochemikalien (Alkaloide, Terpene, Glykoside, etc.) auf die Attraktivität und den „antifeedant-Effekt" unter Choice-Bedingungen sowie die Bestimmung der Toxizität unter No-Choice-Bedingungen auf *Apis mellifera* im Vordergrund (Detzel und Wink, 1993). Sie fanden heraus, dass von den 63 getesteten Sekundärstoffen 39 eine abschreckende Wirkung ausüben. Hierbei sind die Alkaloide, Cumarine und Saponine hervorzuheben. Drei Terpene hatten in ihren natürlich vorkommenden Konzentrationen eine anziehende Wirkung auf die Bienen. Der Gruppe der Flavonoide konnte keine Wirkung nachgewiesen werden. Von 17 der 63 Substanzen (hauptsächlich Alkaloide, Saponine, Herzglykoside, cyanogene Glykoside) gingen innerhalb von 48 h in einem Konzentrationsbereich von 0,003 – 0,6 % toxische Wirkungen aus. Eine allgemeine Korrelation zwischen „antifeedant-Effekt" und Toxizität bestand jedoch nicht. Es konnte bei machen Substanzen festgestellt werden, dass sie erst in Konzentrationen abschreckende Einflüsse ausübten, die bereits für die Biene toxisch waren. In diesem Fall wäre eine fraßhemmende Wirkung nicht mehr effektiv. In der Natur kann eine Vergiftung der Bienen nur dann erwartet werden, wenn ihr keine alternativen Futterquellen zur Verfügung stehen (Detzel und Wink, 1993). In Versuchen von Gegear *et al.* haben Hummeln bei ausschließlicher Anwesenheit von Pflanzen mit hohen Alkaloid-Gehalten diese rege besucht. Bei einer Vergrößerung des Pflanzenangebots mit weniger alkaloidhaltigen Vertretern haben sie schnell eine eindeutige Aversion gegen Pflanzen mit hohen Alkaloid-Gehalten entwickelt (Gegear *et al.*, 2007).

Der Sinn des Vorkommens sekundärer Abwehrstoffe in den Blüten mit Pollen und Nektar, die der Erhöhung der Attraktivität und Anlockung tierischer Bestäuber dienen, wird bereits seit vielen Jahren diskutiert. Eine einheitliche und abschließende Erklärung dazu konnte jedoch bisher nicht gefunden werden.

Häufig wurde gemutmaßt, dass das Auftreten der Sekundärstoffe in Pollen und Nektar eine unvermeidbare Konsequenz ihrer pflanzlichen Bildung zum Schutz der Blätter, Wurzeln, etc. vor Fraßfeinden darstellt (Adler, 2000; Gegear *et al.*, 2007). Die meisten sagen diesen Substanzen auch in Pollen und Nektar eine Abwehrfunktion nach. Weiterführende Vermutungen gehen so weit, dass die Pflanzen sich nur vor nicht angepassten Nektarräubern schützen wollen ohne einen Einfluss auf die gewünschten Bestäuber auszuüben (Unterschied Spezialisten ↔ Generalisten). So ist zum Beispiel der Nektar vom Trompetenbaum durch seine Iridoide nicht schmackhaft für ungebetene Gäste wie Ameisen aber nicht giftig für die Bestäuber (Detzel und Wink, 1993). Bienen scheinen sich besser an Alkaloide in Pflanzen-Nektar angepasst zu haben als Schmetterlinge. Vergleichende Untersuchungen konnten zeigen, dass alkaloidhaltige Pflanzen von Bienen angeflogen wurden, während Schmetterlinge Pflanzen ohne Alkaloide bevorzugten (Baker und Baker, 1975).

Die Pflanze muss zwischen Kosten und Nutzen durch sowohl anlockende als auch abschreckende oder sogar toxische Substanzen in ihrem Nektar abwägen. Sie muss sich selber gegen Schaden durch Fraßfeinde und vor Nektar-Räuber wehren aber gleichzeitig für die wichtigen Bestäuber ein gewisses Ausmaß an Attraktivität besitzen. Je attraktiver jedoch der Nektar für die Nektarabnehmer insgesamt ist, desto mehr Nektar wird der Pflanze entnommen. Dadurch müsste zum einen die Pflanze mehr Nektar bilden, und zum anderen würde die Gesamtanzahl der Pflanzenanflüge der Insekten an den einzelnen Blüten geringer ausfallen. Saugt ein Bestäuber aus einem bestimmten Grund nur wenig Nektar auf einmal, ist insgesamt aber angetan von dieser Futterquelle durch ihren Geschmack, so fliegt er zur Deckung seines Gesamtbedarfs die Blüten häufiger an. Die Bestäuber, die nicht gelernt haben Blütenfarbe und - duft mit unattraktivem Nektargeschmack zu verbinden, besuchen verschiedene Blüten mit einer höheren Frequenz. Es resultiert ein Kreislauf aus Anflug, kurzem Probieren, Weiterflug und erneuter Suche nach einer Blüte (Kessler und Baldwin, 2007). Sekundärstoffe können ebenfalls berauschende Wirkungen auf Insekten besitzen und diese in gewisser Art und Weise abhängig machen. Die Pflanze profitiert durch die Erhöhung der „Anhänglichkeit" mit sichergestellter und eventuell sogar erhöhter Fortpflanzung. Auf der anderen Seite muss sie insgesamt weniger Nektar produzieren (Adler, 2000).

Auch der Konkurrenzkampf zwischen den Pflanzen übt einen hohen Druck auf das Einzelexemplar aus. Stehen in dem Umfeld einer Pflanze viele sekundärstofffreie Pflanzen, kann sie eventuell zeitweise (während der Blütezeit) ihren Sekundärstoffgehalt insgesamt erniedrigen, um sich gegen ihre Konkurrenten durchzusetzen. Möglicherweise üben auch die Reaktionen der Bestäuber auf die Nektarqualität einen wichtigen essentiellen Druck zur Bestimmung der Blütezeit einer Pflanze aus.

Allgemein lässt sich sagen, dass bisher keine zufrieden stellende Antwort auf die Frage nach dem Sinn von Sekundärstoffen in Nektar und Pollen gefunden wurde. Das allgemeine Verhalten, das Wahrnehmungsempfinden, die Anpassungsfähigkeit und die Lernfähigkeit der Vielzahl an Bestäubern stellen zusammen mit der Abwägung von

Nutzen und Kosten sicherlich wichtige Faktoren bei der Entwicklung der komplexen pflanzlichen Strategien dar (Adler und Irwin, 2005; Gegear *et al.*, 2007).

4.5 Menschliche Faktoren zur Gefährdung der Biene

Durch die sich jahreszeitlich ständig ändernde Vegetation ist als relativ unwahrscheinlich anzunehmen, dass Bienen bei ihren Sammelflügen einzig und allein eine Pflanzenart ansteuern. Pflanzliche Sekundärstoffe, und damit auch die in dieser Arbeit behandelten PAs, werden so natürlicherweise verdünnt. Unter diesen Umständen ist die Vergiftungswahrscheinlichkeit durch pflanzliche Sekundärstoffe stark vom allgemeinen Nahrungsangebot abhängig und eine gesundheitliche Gefährdung ist im Großen und Ganzen nicht gegeben (Detzel und Wink, 1993).

Leider stellen die pflanzlichen Gifte aber nicht die einzige Gefahr für das Bienenvolk dar. Auch der Mensch trägt seit langer Zeit seinen Teil zur Gefährdung der Biene bei. Zusätzliche Gefährdungspotentiale sind mit der zunehmenden Zivilisation des Menschen entstanden. Bedingt durch die Entwicklungen in der Landwirtschaft, zunehmender Industrialisierung und gestiegenem Automobilverkehr sind die Bienen während ihrer Nahrungssuche vielen weiteren Gefahrstoffen wie Insektiziden, Pestiziden, Schwermetallen, Kohlenwasserstoffen etc. ausgesetzt. Diese Stoffe können zum einen für das Bienenvolk toxisch relevant sein, zum anderen aber auch für den Mensch als Konsumenten von Honig und Pollenprodukten (Bogdanov und Matzke, 2003; Barnett *et al.*, 2007). Von den Pflanzen gelangen exo- wie endogene bienenrelevante Kontaminationen entweder mit dem Nektar oder aber dem Pollen in den Bienenstock, dort in die Waben und mit dem Honig und den gesammelten Pollenhöschen letztlich auf den Tisch des Menschen.

Der Einsatz von Pestiziden in der Landwirtschaft ist stark kontrolliert und auch gerade bezüglich ihrer Bienengefährlichkeit gesetzlich geregelt. Nur als „bienenungefährlich" eingestufte Präparate dürfen ohne Einschränkungen in blühenden Kulturen eingesetzt werden (Bienenschutzverordnung). Nichtsdestotrotz birgt deren Verwendung eine Gefahr für die Biene und ein zusätzliches Rückstandrisiko für Honig und honig- bzw. pollenhaltige Lebensmittel. Bedauerlicherweise kommt es nach wie vor zu Vergiftungsvorfällen und Honigverunreinigungen. Häufig sind hierfür

Höchstmengenüberschreitungen oder fehlerhafte Anwendungen die Ursache (Porrini *et al.*, 2003; Barnett *et al.*, 2007). So kam es beispielsweise in Baden-Württemberg im Jahr 2008 zu einem großen Bienensterben, das auf eine unsachgemäße Beizung von Maissaatgut zurückgeführt werden konnte. Das Mittel „Poncho Pro" diente dem Beizen von Maissattgut und nicht in der Verwendung als Insektizid auf der Pflanze. Nichtsdestotrotz kam es zu tödlichem Kontakt des Wirkstoffes Clothianidin mit Bienen (Ministerium für Ländlichen Raum, 2008, Zugriff am 22.09.2010).

Auf diese menschlich verursachten Faktoren zur Gefährdung der Biene und zum Vorkommen toxischer Stoffe im Honig besitzt der Mensch selbst großen Einfluss. Was die toxischen Pflanzeninhaltsstoffe wie die PAs angeht, hat er bezüglich deren Vorkommen in der Natur wenig Möglichkeit zur Manipulation. Er kann aber darauf reagieren. Der Kontakt der Honigbiene zu toxisch relevanten Pflanzen kann mit dem notwendigen Hintergrundwissen durch das Verhalten des Imkers etc. gesteuert werden. Eine sorgfältige Auswahl der Aufstellplätze für Bienenvölker stellt den effektivsten Weg dar. Flächen mit einem großen Aufkommen an PA-haltigen Pflanzen können bei der Platzierung der Bienenstöcke in „unkritischen" Gebieten gemieden werden.

Das menschliche Verhalten ist somit der größte Einflussfaktor, um den Problemen der Bienengefährdung und der Rückstandsproblematik im Honig zu begegnen.

Zum jetzigen Zeitpunkt liegt auf nationaler, europäischer und internationaler Ebene keine einheitliche toxikologische und rechtliche Bewertung von PAs in Honig oder Lebensmitteln allgemein vor. Ansätze hierfür sind weltweit jedoch in Form von Stellungnahmen, Empfehlungen, etc. gegeben. Höchstmengen für die Qualitätskontrolle sind momentan gesetzlich nicht festgelegt (Kempf *et al.*, 2010a). Bei der Etablierung eines Grenzwerts für Honig und Pollenprodukte für die rechtliche Überwachung sollte berücksichtigt werden, dass eine Verminderung der PA-Gehalte durch das Vermischen mit nicht oder weniger belasteten Chargen keine Lösung darstellt. In Australien und Neuseeland ist dies allerdings von der FSANZ (Food Standards Australia New Zealand) für *Echium*-Honige ausdrücklich empfohlen worden (FSANZ, 2004, Zugriff am 22.09.2010). Eine PA-Reduktion durch eine konsequente Vernichtung PA-belasteter Bienenprodukte wäre vor dem Hintergrund des vorbeugenden Verbraucherschutzes wünschenswert. Eine Vermischung belasteter mit nicht belasteten Chargen stellt keine Verminderung des Problems sondern vielmehr eine Ausweitung auf weitere Lebensmittelbereiche dar. Wie die Untersuchungen von Kempf *et al.* zeigen, kann es zu einer Downstream-Belastung in der Nahrungskette durch die Verwendung von Honig als Lebensmittelzutat kommen (Kempf *et al.*, 2010d). Bei einer Vermischung von PA-belasteten Produkten mit nicht belasteten muss zusätzlich bedacht werden, dass die Bienenprodukte nicht die einzige Quelle für PAs in Lebensmitteln darstellen. Weitere tierische (wie Milch, Eier) und pflanzliche (Salat) Produkte können ebenfalls von einer PA-Kontamination betroffen sein. So kann es letztendlich bei der täglichen Nahrungsaufnahme zu additiven Effekten kommen.

Auch die Möglichkeit, PA-Pflanzen vorbeugend auszurotten, stellt keineswegs eine diskutable Lösung dar. Sie sind ein lebenswichtiger Teil in der Biodiversität auf unserer Erde. In diesem vielfältigen komplexen System aus Ökosystemen und Arten haben sich im Laufe der Evolution Insekten entwickelt, die von den PA-Pflanzen abhängig sind und für die der Fortbestand ebenfalls überlebenswichtig ist.

5 Zusammenfassung

Es wurden Erkenntnisse darüber gewonnen, welchen Einfluss PAs auf das Verhalten und die Physiologie der adulten Honigbienen besitzen. Auf die Frage, ob ein Volk der Biene bei erhöhtem Vorkommen PA-haltiger Pflanzen im Umfeld durch die Toxizität der PAs gefährdet sein kann, wurden ebenfalls Antworten gefunden.

1. In Laborversuchen mit adulten Honigbienen wurde unter kontrollierten No-Choice-Bedingungen festgestellt, dass von dem natürlichen *N*-Oxid-Gemisch aus *S. vernalis* ab Konzentrationen von > 0,2 % signifikante, fraßhemmende Wirkungen ausgehen. In den Versuchen mit dem entsprechenden tertiären PA-Gemisch waren ähnliche Tendenzen einer Abnahme der Fraßmengen zu erkennen, die sich jedoch als nicht signifikant herausstellten.

2. Anhand von Fütterungsversuchen mit einem Bienenvolk im natürlichen Umfeld konnte das Verhalten von adulten Bienen gegenüber PA-haltigen Nahrungsquellen unter Choice-Bedingungen aufgeklärt werden. Sowohl von tertiärem Echimidin und Echimidin-*N*-Oxid als auch von den PA-Gemischen (tertiär und *N*-oxidiert) aus *S. vernalis* gingen in Konzentrationen zwischen 0,02 und 0,2 % tendenziell antifeedant-Effekte aus. Lediglich im Fall des tertiären PA-Gemischs zeichneten sich diese nicht als signifikant ab. Im Vergleich zu den Effekten unter No-Choice-Bedingungen waren die antifeedant Effekte unter natürlichen Gegebenheiten um den Faktor 10 höher.

3. Hohe Konzentrationen des tertiären PA-Gemischs aus *S. vernalis* und des reinen Monocrotalins von 2 % bewirkten bei den erwachsenen Bienen einen Anstieg in der Mortalität von im Mittel auf über 50 %. Hierbei kann ausgeschlossen werden, dass die signifikant aufgetretenen Mortalitäten auf Verhungern durch eine Futterverweigerung unter den No-Choice-Bedingungen zurückzuführen sind.

4. Die toxischen Wirkungen von PAs auf adulte Bienen können mit der Doppelbindung im PA-Ringsystem in Zusammenhang gebracht werden. In Fütterungsversuchen zeigte das 1,2-Dihydromonocrotalin als Vertreter der 1,2-

gesättigten PAs keinerlei toxische Wirkungen, während die 1,2-ungesättigte Form (Monocrotalin) ebenso wie das tertiäre PA-Gemisch (ebenfalls 1,2-ungesättigte PA-Vertreter; siehe 3.) in hohen Konzentrationen eine signifikante Steigerung der Mortalität bewirkte.

5. Die PA-Gehalte in einzelnen Bienen des Fütterungsversuchs mit tertiärem PA-Gemisch zeigte eine breite Streuung. Bereits früh verstorbene Exemplare wiesen im Mittel um 175 µg PAs im Körper auf. Gegen Versuchsende verstorbene Bienen hingegen enthielten im Mittel bis zu 250 µg PAs. Deutlich niedriger waren die mittleren PA-Gehalte von 50 µg in den überlebenden Bienen, bei denen jedoch auch Maximalwerte um die 200 µg pro Einzelbiene erreicht wurden.

6. Bei der Aufnahme und Speicherung der verschiedenen tertiären PAs bestand keine strukturell bedingte Diskriminierung. Das Alkaloid-Profil in den untersuchten Bienen blieb unverändert zu dem PA-Profil des eingesetzten Futtergemischs. Die quantitative Wiederfindung der pro Bienengruppe gefressenen PA-Menge in einem Käfig lag bei 61 %.

7. Es wurde herausgefunden, dass Bienen nicht in der Lage sind, tertiäre PAs durch körpereigene *N*-Oxidation zu entgiften. Die umgekehrte Richtung der Reduktion von *N*-Oxiden in die toxischen tertiären Formen wurde in einem Ausmaß von 70 % nachgewiesen. Daraus resultierende Maximalgehalte an tertiären PAs pro Einzelbiene lagen bei 50 µg.

8. Einmal aufgenommene PAs werden im Bienenorganismus weder in die Hämolymphe resorbiert noch im Fettkörper angereichert. Mit Hilfe von ^{14}C-markierten Standardsubstanzen wurde ein stetiger Transfer sowohl der tertiären als auch der *N*-oxidierten PAs vom Darm in die Kotblase nachgewiesen.

9. Von einer erwachsenen Biene in die Honigblase aufgenommene PAs werden bei der Futterübergabe an andere Bienen weitergegeben. Das Ausmaß hierbei war in den Versuchen von der PA-Konzentration im Futter abhängig und nahm mit steigendem PA-Gehalt ab.

10. Die Larven der Honigbiene sind deutlich empfindlicher gegenüber PAs in ihrer Nahrung. Tertiäre PAs bewirkten bei dem Nachwuchs schon in deutlich geringeren Konzentrationen (ab 0,02 %) signifikant toxische Effekte. Bei *N*-oxidierten PAs traten diese jeweils bei um Faktor 10 höheren Konzentrationen (0,2 %) auf. Selbst

die 1,2-gesättigte Form besaß, in um einen weiteren Faktor 10 erhöhten Konzentrationen (2 %), signifikant toxische Wirkungen auf die Larven.

11. Wie auch im Erwachsenenstadium besitzen die Larven körpereigene (Vergiftungs-) Mechanismen zur Reduktion von *N*-Oxiden in die tertiären Formen.

12. Es wurden detaillierte Informationen zu den vorliegenden PAs in der von Bienen genutzten Futterpflanze *E. vulgare* sowie über die Verteilung der einzelnen Strukturen in verschiedenen Pflanzenorganen gewonnen. Identifiziert wurden die vier PAs Echimidin, Vulgarin, Acetylechimidin und Acetylvulgarin in jeweils ihren tertiären und *N*-oxidierten Formen. Das PA-Muster der Einzelstrukturen in den unterschiedlichen Organen der Pflanze ist sehr verschieden. Als eine große Gemeinsamkeit kann die höhere Präsenz der *N*-Oxide mit ca. 75 % hervorgehoben werden.

13. Auch die quantitativen PA-Gehalte der untersuchten Pflanzenorgane fielen deutlich unterschiedlich aus. Die bienenrelevanten Teile Pollen und Nektar wiesen mit 1,5 bzw. 0,02 mg/g RÄ ebenfalls mehr oder weniger hohe PA-Gehalte auf.

Folgendes Fazit lässt sich aus der vorliegenden Arbeit ziehen.
Das Nebeneinander von PA-Pflanze und Biene ist ein Ergebnis der Natur und stellt kein Problem für einen der Beteiligten dar. Die Honigbiene hat sich im Laufe der Evolution an die PA-Vorkommen in ihrer Umgebung angepasst. Eine Verknüpfung der Ergebnisse verdeutlicht, dass es zwangsweise zu einem Vorkommen der toxischen PAs in den vom Menschen genutzten Produkten Honig und Pollenhöschen kommt. Das Ausmaß, in wieweit es zu einer Verschleppung und Ausweitung von PAs in der menschlichen Nahrungskette kommt, kann in letzter Konsequenz nur der Mensch allein beeinflussen. Die PA-Kontamination von Honig kann durch die Begrenzung des Zugangs der Honigbienen zu PA-Pflanzen (Standortwahl durch den Imker) verringert werden. Zusätzlich kann durch das richtige Handeln im Fall von PA-belasteten Chargen die Ausbreitung in der Nahrungskette gesteuert werden.

6 Material und Methoden

6.1 Chemikalien und Verbrauchsmaterialien

6.1.1 Chemikalien

Alle Chemikalien und Lösungsmittel wurden, soweit nicht anders angegeben, in der Reinheit „pro analysis" oder nach Destillation verwendet. Bezogen wurden sie von den Firmen Sigma-Aldrich Chemie GmbH (Steinheim, Germany), Carl Roth GmbH + Co. KG (Karlsruhe, Germany), Riedel-de Haën® GmbH (Seelze, Germany), Fluka Chemie AG (Buchs, Schweiz), Acros Organics (New Jersey, USA), ABCR GmbH & Co. KG (Karlsruhe, Germany), Merck KGaA (Darmstadt, Germany), Perkin Elmer (Boston, USA), LUMA LSC B.V. (Groningen, The Netherlands), Fisher Scientific GmbH (Schwerte, Germany), LATOXAN (Valénce, France) und Planta Analytica LCC (Danbury, USA).
Alle Lösungsmittel, die für den Einsatz in LC-MS- und ESI-MS-Untersuchungen eingesetzt wurden, wurden in der entsprechenden Qualität „LC-MS grade" verwendet. Reinstwasser wurde über die hauseigene Millipore™-Aufbreitungsanlage (Millipore Corp., Bedford, USA) gewonnen.

6.1.2 Verbrauchsmaterialien

Alle Verbrauchsmaterialien für besondere Anwendungszwecke wurden von den Firmen Carl Roth GmbH + Co. KG (Karlsruhe, Germany), Eppendorf AG (Hamburg, Germany), Varian, Inc (Palo Alto, USA), PALL Europe Ltd. (Hampshire, UK), Greiner Bio-One GmbH (Solingen, Deutschland), Nalgene®Labware, Thermo Fischer Scientific Inc. (Waltham, USA), Merck KGaA (Darmstadt, Germany), Phenomenex® (Aschaffenburg, Deutschland), Agilent Technologies (Wilmington, USA) und Supelco (Bellefonte, USA) bezogen.

6.2 Pflanzenmaterial

6.2.1 *Senecio vernalis*

Zur Gewinnung eines natürlichen Gemisches an PAs für die Fütterungsversuche wurden im Frühjahr 2007 Pflanzen von *S. vernalis* in der Umgebung von Braunschweig gesammelt. Die Blütenstände wurden vereint, lyophilisiert, mit Hilfe einer Schlagmühle pulverisiert und dunkel und trocken bei Raumtemperatur bis zum Zeitpunkt der Extraktion gelagert.

6.2.2 *Echium vulgare*

Blütenköpfe, Blätter, Stängel, Wurzeln und Nektar

Pflanzen von *E. vulgare* wurden im Botanischen Garten Kiel im Frühjahr 2009 gezogen und im Freigelände gehalten. Drei Tage vor der Ernte wurden die Pflanzen auf einer Fensterbank im geschlossenen Raum gelagert. Der Nektar wurde mit einer Mikroliterpipette (2 – 20 µL), ohne Verletzung des umgebenden Pflanzengewebes, aus der Blüte gewonnen. In Gefäßen mit integriertem Micro-Filter (Amicon, Ultrafree-MC, Millipore, Durapore PVDF 0,45 µm) wurden der Nektar für 1 min bei 12 000 U/min zentrifugiert Anschließend wurde die Pflanze in die einzelnen Pflanzenorgane Blütenköpfe, Blätter, Stängel, Haupt- und Nebenwurzeln aufgeteilt, getrennt eingefroren und lyophilisiert.

Bis zur Untersuchung auf die PA-Gehalte wurde der Nektar bei -20 °C gelagert und die einzelnen Pflanzenorgane nach Lyophilisation und Pulverisierung mit einer Schlagmühle dunkel und trocken bei Raumtemperatur aufbewahrt.

Pollen

Abgeschnittene Pflanzen einer wilden Population von *E. vulgare* aus der Region Braunschweig wurden im Sommer 2010 zwei Tage vor Wind und Insekten geschützt in Wassergefäßen im geschlossenen Raum gelagert. Die Staubblätter der Blüten wurden vorsichtig in ein Gefäß mit Cyclohexan eingetaucht und so der Pollen abgespült. Anschließend wurde der gewonnene Pollen durch Abdampfen des Lösungsmittels getrocknet und bis zur Analyse bei Raumtemperatur aufbewahrt.

6.3 Extraktion von Pyrrolizidinalkaloiden aus Pflanzen

6.3.1 Pyrrolizidinalkaloid-Extraktion aus *Senecio vernalis*

Die lyophilisierten Blütenstände von *S. vernalis* wurden, wie in der Literatur von Hartman und Toppel beschrieben (Hartmann und Toppel, 1987), extrahiert. Fraktionen von ca. 400 g wurden hierzu in einer Soxhlet-Apparatur im ersten Schritt mit Petrolether in ca. 20 Zyklen entfettet und die Extraktionshülse über Nacht getrocknet. Um schließlich die tertiären PAs und ihre *N*-Oxide zu gewinnen, wurde mit Methanol in ebenfalls ca. 20 Zyklen extrahiert. Der erhaltene methanolische Rohextrakt wurde am Rotationsverdampfer bis zur Trockene eingeengt und anschließend in 1 N Salzsäure resuspendiert. Die salzsaure Lösung wurde in Aliqouten von ca. 30 mL auf acht Zentrifugenröhrchen aufgeteilt, zweimal mit 5 mL CH_2Cl_2 versetzt, geschüttelt und 2 min bei 15 000 U/min zentrifugiert. Die Überstände aller Zentrifugenröhren wurden wieder vereint. Zur Reduktion der *N*-Oxide in ihre entsprechende tertiäre Form wurde Zinkstaub hinzugefügt und über Nacht bei Raumtemperatur gerührt. Mit Hilfe von konzentrierter Ammoniumhydroxid-Lösung wurde der pH-Wert auf 12 eingestellt und die PAs in ihrer tertiären Form aus der Lösung in mehreren Schritten mit jeweils 150 mL Dichlormethan extrahiert. Die vereinigten organischen Phasen wurden über Natriumsulfat getrocknet und am Rotationsverdampfer zur Trockene eingeengt. Die abschließende Umkristallisation in mehreren Schritten mit Aceton bei 4 °C ergab eine Gesamtmenge an PA-Extrakt von 1,4 g.

Um das PA-Muster in dem aufgereinigten Extrakt sowohl qualitativ als auch quantitativ zu ermitteln, wurde dieser mittels GC-FID/NPD (s. Abschnitt 6.17) und GC-MS (s. Abschnitt 6.18) analysiert. Neben den PAs Senecionin (81 %), Seneciphyllin (15 %), Integerrimin (1,5 %), Retrorsin (0,9 %) und Senecivernin (0,4 %) wurden mit diesen analytischen Methoden keine weiteren Komponenten in dem Extrakt nachgewiesen.

Das tertiäre PA-Gemisch fand bei Fütterungsversuchen mit Arbeiterinnen (s. Abschnitt 6.10.1 und 6.10.2) und zur Synthese der PA-*N*-Oxide (s. Abschnitt 6.5) Verwendung.

6.3.2 Pyrrolizidinalkaloid-Extraktion aus *Echium vulgare*

Blätter, Stängel, Hauptwurzeln und Nebenwurzeln

Abhängig von ihrem PA-Gehalt wurden unterschiedliche Einwaagen der einzelnen pulverisierten Pflanzenorgane (s. Abschnitt 6.2.2) von *E. vulgare* für die Extraktion eingesetzt: Blätter, Stängel, Nebenwurzeln je 100 mg und Hauptwurzeln 50 mg. Heliotrin wurde als IS in einer absoluten Menge von 40 µg (aus einer 1mg/mL-Lösung in MeOH) zugegeben. Die Proben wurden zweimal mit je 5 mL einer 2 %-igen Ameisensäure (v/v) für 20 min unter Rühren extrahiert und anschließend bei 12 000 U/min für 10 min zentrifugiert. Für die weitere Aufarbeitung nach Abschnitt 6.4.1 bzw. 6.4.2 wurden die vereinten Überstände im Verhältnis 1:1 aufgeteilt.

Blütenköpfe

Bedingt durch den hohen PA-Gehalt in den Blütenköpfen, wurde ein Extrakt aus 30 mg pulverisierten Blüten mit 80 µg Heliotrin absolut als IS (aus einer 1 mg/mL-Lösung in MeOH) nach dem im vorherigen Absatz beschriebenen Extraktionsverfahren herstellt. Dieser wurde anschließend in vier gleiche Teile aufgeteilt, um wieder auf die gleiche absolute Endmenge von 20 µg Heliotrin pro Teilextrakt für die Analysen zu kommen. Die Teilextrakte wurden gemäß Abschnitt 6.4.1 bzw. 6.4.2 weiter aufgearbeitet.

Pollen

20 mg des Pollens wurden zusammen mit 20 µg Heliotrin (aus einer 1mg/mL-Lösung in MeOH), mit Seesand und einigen Tropfen einer 2 %-igen (v/v) Ameisensäure im Mörser zerrieben und mit 5 mL der 2 %-igen (v/v) Ameisensäure in das Zentrifugengefäß überführt. Der Extrakt wurde wie bei den Wurzeln und Stängeln beschrieben hergestellt und am Ende ohne Aufteilung komplett für die Aufarbeitung nach Abschnitt 6.4.1 bzw. 6.4.2 eingesetzt.

Nektar

Die PAs aus 100 µL Nektar wurden nach Zugabe von 20 µL der Heliotrin-Lösung (1mg/mL) als internem Standard durch Zugabe von 2 mL einer 2 %-igen Ameisensäure (v/v) extrahiert und die Lösung nach Abschnitt 6.4.1 aufgearbeitet.

6.4 Aufarbeitung der Extrakte aus *Echium vulgare*

6.4.1 GC-MS-Analyse

Reduktion der *N*-Oxide in die tertiären Formen

Je einem Teil der nach Abschnitt 6.3.2 hergestellten Echium-Extrakte (in bekanntem Volumen 2 %-iger Ameisensäure) wurde 0,1 M Schwefelsäure im Volumen-Verhältnis von 1:1 zugefügt und nach Zugabe von 0,1 g Zinkpulver (Korngröße < 45 µm) für 3 h bei Raumtemperatur gerührt. Die Lösung wurde mittels Festphasenextraktion (SPE, engl. *solid phase extraction*), in diesem Fall mit Konditionierung der SPE-Kartuschen durch ein Gemisch (1:1) aus 2 % Ameisensäure und 0,1 M H_2SO_4, nach Abschnitt 6.15 gereinigt und aufkonzentriert.

Reduktion der tertiären PAs in die freien Necin-Basen

Die eingedampften Rückstände wurden in 50 µL MeOH gelöst und nach Zugabe von 300 µL einer 0,1 M Lösung von $LiAlH_4$ in Tetrahydrofuran (THF) und sofortigem Mischen auf dem Vortex wurde der Ansatz bei 4 °C für 3 h zur Reaktion gebracht. Zur Extraktion der freien Basen wurden 1 mL CH_2Cl_2, 100 µL einer 10 %-igen (v/v) Natriumhydroxid-Lösung und eine Spatelspitze Na_2SO_4 (wasserfrei) zugegeben. Nach gründlichem Mischen auf dem Vortex wurde die Lösung über eine Pasteurpipette mit Glaswolle filtriert. Nach 3-maligem Nachspülen des Reaktionsgefäßes und der Pasteurpipette mit jeweils 1 mL CH_2Cl_2 wurden die Eluate unter dem Stickstoffstrom zur Trockene eingedampft.

Derivatisierung

Zum trockenen Rückstand wurden 50 µL MSTFA (*N*-Methyl-*N*-(trimethylsilyl)-trifluoroacetamide) gegeben, das Gefäß luftdicht verschlossen und die Lösung für 30 min bei 40 °C derivatisiert. Nach Beendigung der Reaktionszeit wurde die Lösung mittels GC-MS (s. Abschnitt 6.18.1) analysiert.

Identifizierung und quantitative Auswertung

Das durch die Aufarbeitung aus den 1,2-ungesättigten PAs entstandene Derivat di-TMS-Retronecin und das Diastereomer di-TMS-Heliotridin (aus dem internen Standard Heliotrin resultierend) wurden über den Vergleich der Retentionszeiten, der Retentionsindices (RI) (berechnet mit Hilfe einer Mischung aus *n*-Alkanen (C_{12}-C_{28})) und der Massenspektren mit denen von Referenzsubstanzen identifiziert. Zusätzlich wurden im SIM-Modus die relativen Intensitäten der analytisch charakteristischen Fragmention-Ionen $m/z = 299$ (Molekülpeak), 183 (Basispeak) und 93 (183: 93: 299 = 1: 0,8: 0,25) zueinander herangezogen. Hierbei wurde eine Abweichung von < 10% bei der Identifizierung toleriert. Die Quantifizierung der PAs erfolgte durch die Bestimmung der Gehalte in Retronecin-Äquivalenten (RÄ) über die Peakflächen der SIM-Modus-Chromatogramme ($m/z = 93$, 183, 299) des di-TMS-Retronecin in Bezug auf die Peakfläche des internen Standards di-TMS-Heliotridin. Die RÄ-Gehalte in den einzelnen Pflanzenorganen wurden über die jeweiligen Ausgangsvolumen auf die entsprechenden Einwaagen bezogen und in µg/g Pflanzenmaterial berechnet.

$$m\,(Retronecin) = \frac{m\,(Heliotridin) \cdot Area\,(\mathrm{di-TMS}-Retronecin)}{Area\,(\mathrm{di-TMS}-Heliotridin)}$$

mit

m (Retronecin)	Gehalt Retronecinäquivalent in µg RÄ/g
m (Heliotridin)	Gehalt Heliotridin in µg RÄ/g
Area (di-TMSRetronecin)	Peakfläche von $m/z = 183$ im SIM-Modus des di-TMS-Retronecin-äquivalents
Area (di-TMS-Heliotridin)	Peakfläche von $m/z = 183$ im SIM-Modus des di-TMS-Heliotridin

Mit Hilfe der in Abschnitt 6.4.2 ermittelten prozentualen Verteilung der einzelnen PAs in den Pflanzenorganen aus *E. vulgare* und ihren Molekularmassen konnten die RÄ auf absolute PA-Gehalte in mg/g hochgerechnet werden.

$$Gehalt\ (PA) = \sum\left(\frac{\%\ (PA) \cdot m\ (Retronecin)}{M\ (Retronecin)} \cdot M\ (PA)\right)$$

mit

Gehalt (PA)	Gesamt-Gehalt der PAs in den Pflanzenorganen in mg/g
% (PA)	prozentualer Anteil des einzelnen PAs am PA-Gehalt (s. Abschnitt 3.1.1)
M (Retronecin)	Molekulargewicht Retronecin 155 g/mol
M (PA)	Molekulargewicht des einzelnen PAs in g/mol (Echimidin M = 397, Echimidin-*N*-Oxid M = 413, Vulgarin M = 397, Vulgarin-*N*-OxidM = 413, Acetylechimidin M = 439, Actylechimidin-*N*-Oxid M = 455, Acetylvulgarin M = 439, Acetylvulgarin-*N*-Oxid M = 455)

6.4.2 LC-MS-Analyse

Blütenköpfe, Blätter, Stängel, Hauptwurzeln, Nebenwurzeln und Pollen

Über SPE (s. Abschnitt 6.15) wurde je ein Teil der in Abschnitt 6.3.2 hergestellten *Echium*-Extrakte gereinigt und aufkonzentriert.

Die eingedampften Eluate der SPE wurden in 2 mL MeOH aufgenommen. Die methanolischen Lösungen der Blüten-, Stängel- und Hauptwurzelextrakte wurden 1:2 mit der LC-MS-Fließmittel-Mischung (50/50) (s. Abschnitt 6.19) gelöst und zur Messung eingesetzt. Von den methanolischen Lösungen aus den Blättern und Nebenwurzeln wurden 400 µL im Luftstrom eingedampft und in 40 µL der LC-MS-Fließmittel-Mischung (50/50) aufgenommen und analysiert (s. Abschnitt 6.19).

Nektar

Der Nektar wurde direkt im Verhältnis 1:1 mit der LC-MS-Fließmittel-Mischung (50/50) verdünnt und zur Messung (s. Abschnitt 6.19) eingesetzt.

Identifizierung und prozentuale PA-Verteilung

Die einzelnen PAs wurden zum einen über den Vergleich mit LC-MS- und ESI-MS-Messungen von Echimidin und Echimidin-*N*-Oxid im EPI-Modus (Enhanced Product Ion) (Product of 398 bzw. 414, s. Abschnitt 6.19) identifiziert. Und zum anderen wurden die

PAs im *Echium*-Extrakt, von denen keine Standardsubstanzen für Vergleichsmessungen zur Verfügung standen, mittels LC-MS-Messungen im EMS-Modus (Enhanced MS) und im Vergleich mit den Literaturdaten (Boppré *et al.,* 2005; Betteridge *et al.,* 2005; Colegate *et al.,* 2005) über ihre protonierten Molekülgewichte ($[M+H]^+$; Q1) ermittelt.

Mit Hilfe dieser kombinierten Methode wurden folgende PAs identifiziert: Echimidin ($[M+H]^+$= 398), Echimidin-*N*-Oxid ($[M+H]^+$= 414), Vulgarin ($[M+H]^+$= 398), Vulgarin-*N*-Oxid ($[M+H]^+$= 414), Acetylechimidin ($[M+H]^+$= 440), Actylechimidin-*N*-Oxid ($[M+H]^+$= 456), Acetylvulgarin ($[M+H]^+$= 440) und Acetylvulgarin-*N*-Oxid ($[M+H]^+$= 456).

Über LC-MS-Messungen der beiden Standards Echimidin und Echimidin-*N*-Oxid (Synthese aus Echimidin nach Abschnitt 6.5) und für die restlichen PAs wiederum über den Vergleich mit den Literaturdaten, konnte für jedes einzelne PA das spezifische Fragmentierungsmuster (im EPI-Modus) und jeweils das Fragment mit dem intensivsten Massenübergang von Q1 ($[M+H]^+$) auf Q3 (Fragment) im MRM-Modus (Multiple Reaction Monitoring)ermittelt werden.

Die prozentualen Anteile eines jeden PAs am Gesamt-PA-Gehalt wurde über die Peakflächen des für jedes PA spezifischen intensivsten Massenübergangs aus den LC-ESI-MS-MS-Messungen im MRM-Mode (s. Abschnitt 6.19) näherungsweise abgeschätzt.

$$PA\,(\%) = \frac{Area\,(PA)}{\sum(Area\,(PA))} \cdot 100$$

mit

Area (PA) Peakfläche des spezifischen intensivsten Massenübergangs Ü

PA	Ü
Echimidin	398 → 120
Echimidin-N-Oxid	414 → 254
Vulgarin	398 → 94
Vulgarin-N-Oxid	414 → 172
Acetylechimidin	440 → 120
Actylechimidin-N-Oxid	456 → 254
Acetylvulgarin	440 → 180
Acetylvulgarin-N-Oxid	456 → 298

6.5 Synthese von Pyrrolizidinalkaloid-*N*-Oxiden

Angelehnt an die von Cymerman Craig und Purushothaman publizierte Methode zur *N*-Oxidierung tertiärer Amine wurden die *N*-Oxidierungen der PAs durchgeführt (Cymerman Craig und Purushothaman, 1970).

Von dem tertiären PA-Gemisch aus *S. vernalis* (s. Abschnitt 6.3.1), Echimidin bzw. Monocrotalin wurden 0,1 g in 10 mL CH_2Cl_2 gelöst und im Eisbad bei 0 – 5 °C gerührt. Tropfenweise wurden in 2 – 3 mL CH_2Cl_2 gelöste 0,1278 g *m*-Chlorperbenzoesäure zugegeben und die Mischung für 1 h gerührt. Weitere 15 min wurde die Reaktionslösung unter Rühren bis auf Raumtemperatur erwärmt.

Das Reaktionsgemisch wurde säulenchromatographisch mit 5 g basischem Aluminiumoxid (100 – 200 mesh) aufgereinigt. Die Säule wurde mit 10 mL CH_2Cl_2 zur Entfernung nicht abreagierter Edukte gespült, und die *N*-Oxide wurden mit einer Mischung aus MeOH/ CH_2Cl_2 (1/3; v/v) eluiert. Die abschließende Aufreinigung fand durch Umkristallisation aus Aceton bei 4 °C statt. Die Ausbeute an *N*-Oxiden lag im Bereich von 83 bis 89 %.

6.6 Synthese von 1,2-Dihydromonocrotalin

Die Hydrierung von Monocrotalin zu 1,2-Dihydromonocrotalin (s. Abb. 49) basiert auf der Vorlage von Marín-Loazia *et al.* (Marin Loaiza *et al.*, 2008).

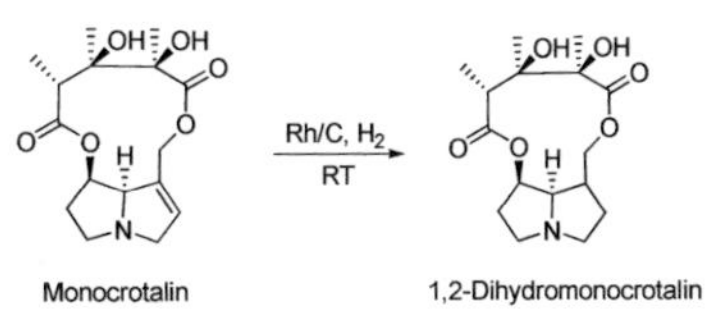

Abb. 49 Dihydrierungs-Reaktion von Monocrotalin in seine 1,2-gesättigte Form 1,2-Dihydromonocrotalin.

Die Reaktion wurde wiederholt mit 0,03 – 0,05 g Monocrotalin gelöst in 2 mL THF durchgeführt. Zu der Lösung wird eine Spatelspitze Rhodium/Kohle (Rh/C) als

Katalysator gegeben, das Reaktionsgefäß evakuiert und anschließend mit Wasserstoff belüftet. Unter Wasserstoffatmosphäre wird über Nacht bei Raumtemperatur unter Lichtausschluss gerührt. Nach Beendigung der Reaktion wird in einer schnellen Abfolge das Reaktionsgemisch auf 2 mL Eppendorf Gefäßen verteilt, 30 s zur Entfernung der Hauptmenge an Katalysator zentrifugiert, die Überstände abdekantiert und das Lösungsmittel im Stickstoffstrom verdampft. Der Rückstand wird in 1 mL MeOH gelöst und durch einen 0,2 µm Membranfilter (PALL Europe Ltd., Hampshire, UK) von unlöslichen Resten befreit. Die Aufreinigung der Reaktionsprodukte erfolgte mittels Säulenchromatographie mit 4 – 5 g Kieselgel 60 (230 – 400 mesh) und CH_2Cl_2/MeOH/NH_4OH_{conc} (83/15/2; v/v/v) als Fließmittel. Die einzelnen Fraktionen wurden mittels GC-FID-NPD (s. Abschnitt 6.17) und GC-MS (s. Abschnitt 6.18) auf die Reinheit von 1,2-Dihydromonocrotalin überprüft und die reinen Fraktionen vereint. Die durchschnittliche Ausbeute lag bei 40 %.

6.7 ^{14}C-markierte Pyrrolizidinalkaloide

Die ^{14}C-markierten PAs wurden von Frau Theuring, Mitarbeiterin des Instituts für Pharmazeutische Biologie der TU Braunschweig, synthetisiert und für die Fütterungsversuche zur Verfügung gestellt. Die Synthese erfolgte wie bei Hartmann 1994 beschrieben (Hartmann, 1994). Die spezifische Radioaktivität wurde für [^{14}C]Senecionin und [^{14}C]Senecionin-*N*-Oxid mit 29,2 mCi/mmol berechnet.

6.8 Bienen

Sommerbienen (*Apis mellifera* L.) für die Fütterungsversuche mit Arbeiterinnen (s. Abschnitt 6.10.1 und 6.10.2) wurden von einer Wabe aus dem Randbereich eines Bienenstocks gesammelt.

6.9 Larven

Für die Larvenversuche (s. Abschnitt 6.10.4) dienten frisch geschlüpfte Larven der Honigbiene (*Apis mellifera* L.). Waben mit frisch gelegten Eiern wurden aus dem Bienenstock entnommen und für den Schlupf ins Labor in einen Brutschrank bei 25 °C transferiert.

6.10 Fütterungsversuche

6.10.1 Fütterung von Arbeiterinnen – „antifeedant-Effekt" und Toxizität

Als Grundlage für die Fütterungsversuche dienten die Richtlinien der OECD (Organisation for Economic Co-operation and Development) (1998). Durchgeführt wurden die Versuche im Sommer 2007 und 2008 im Bieneninstitut des LAVES (Niedersächsisches Landesamt für Verbraucherschutz und Lebensmittelsicherheit) in Celle.
Die Bienen (s. Abschnitt 6.8) wurden früh morgens dem Volk entnommen und an einem dunklen Ort für 2-3 h zum Hungern deponiert. Nach Erreichen des Hungerzustandes (Kontrolle durch Narkotisierung von zehn Bienen mit gasförmigem Kohlenstoffdioxid und Überprüfung auf geleerte Honigmägen) wurden die Bienen in Zehnergruppen in die Testkäfige umgesetzt und mit den Testlösungen und Wasser versorgt. Sie wurden für die Zeit von insgesamt 48 h bei einer Temperatur von 25 ± 2 °C und einer relativen Luftfeuchtigkeit von 50 – 70 % gehalten. Nach 2 h wurden die Testlösungen entnommen und für die restlichen 46 h durch eine undotierte 50 %ige (w/w) Saccharose-Lösung ersetzt.
Die entsprechenden Testkomponenten (PA-Gemisch, PA-*N*-Oxid-Gemisch, Monocrotalin und 1,2-Dihydromonocrotalin) wurden in den Konzentrationen 0,02, 0,2 und 2 % (im Sommer 2007 zusätzlich 0,002 %) in 50 %-iger (w/w) Saccharose-Lösung gelöst. Pro Durchgang wurden von jeder Konzentration drei Käfige à zehn Bienen getestet. Für jede Testkomponente wurden drei unabhängige Durchgänge durchgeführt. Das entspricht 90 einzelnen Bienen pro Datenpunkt. Bei jedem Durchgang wurden drei Käfige á zehn

Bienen als Kontrolle mitgeführt, die über die gesamte Zeit undotierte Saccharose-Lösung bekommen haben. Als eine andere Kontrolle wurden ebenfalls pro Durchgang drei Käfige á zehn Bienen mitgeführt, denen während der ersten zwei Stunden des Versuchs noch keine Futterlösung zur Verfügung stand.
Jeder Käfig wurde nach 2, 4, 6, 24, 30 und 48 h auf tote Bienen untersucht. Diese wurden aussortiert und für die spätere Analyse getrennt nach den Zeitpunkten eingefroren und lyophilisiert aufbewahrt.
Direkt nach Ablauf des Versuchs wurden die Bienen mit gasförmigem Kohlenstoffdioxid narkotisiert, bei -18 °C gelagert und vor der Analyse lyophilisiert. Die Bienen, die mit Monocrotalin und 1,2-Dihydromonocrotalin gefüttert wurden, wurden nach der Methode in Abschnitt 6.12.1 analysiert, die Bienen aus den Fütterungsversuchen mit dem PA-Gemisch nach Abschnitt 6.12.2 und die mit den PA-*N*-Oxiden gefütterten Bienen gemäß Abschnitt 6.12.3.

6.10.2 Fütterung von Arbeiterinnen – Weitergabe von Pyrrolizidinalkaloiden

Die Versuche fanden im Sommer 2007 im Bieneninstitut des LAVES in Celle statt. Prinzipieller Aufbau, Bienenvorbereitung, Bedingungen im Brutschrank, Saccharose-Lösung und Narkotisierung entsprachen den Angaben in Abschnitt 6.10.1. In zwei Käfigen wurden jeweils Gruppen von zehn farbig markierten hungrigen Bienen gesetzt, wovon die Bienen eines Käfigs eine Futterlösung mit 2 % und die Bienen des anderen Käfigs eine Futterlösung mit 0,2 % tertiärem PA-Gemisch für 1 h angeboten bekam. Die Futterlösungen wurden entfernt und in jeden Käfig wurden zehn unmarkierte hungrige Bienen hinzugegeben. Nach einer weiteren Stunde wurde der Versuch beendet und die Bienen wie unter 6.10.1 beschrieben bis zur Analyse nach 6.12.1 aufbewahrt. Es wurden drei Wiederholungen durchgeführt.

6.10.3 Fütterung von Arbeiterinnen – Verteilung im Bienenkörper

Frisch geschlüpfte Bienen wurden in einem mit Gaze bedecktem Gefäß für 2 h zum Erreichen des Hungerzustandes an einem dunklen Ort aufbewahrt. Als Futterlösung diente eine 50 %-ige Saccharose-Lösung mit [^{14}C]Senecionin (85172 cpm/10 µL) und eine Saccharose-Lösung mit [^{14}C]Senenionin-*N*-Oxid (119230 cpm/10 µL). Einzelne hungrige Bienen wurden an den Flügeln aus dem Gefäß entnommen. So fixiert und auf dem Rücken liegend wurde den Bienen 10 µL Futterlösung tropfenweise aus einer Mikroliterpipette (2-10 mL) angeboten, die die Bienen mit ihrem Rüssel direkt von der Spitze absaugten (s. Abb. 36).

Jede gefütterte Biene wurde einzeln in runden Plastikboxen, die mit einem Eppendorf Gefäß (2 mL) mit „normaler" 50 % -iger Saccharose-Lösung ausgestattet waren, in einen Brutschrank mit den in Abschnitt 6.10.1 genannten Bedingungen gestellt. Nach 3, 24 und 48 h wurden jeweils fünf Bienen mit Diethylether betäubt und unverzüglich nach Abschnitt 6.12.4 entsprechend analysiert. Die Betäubung mit Diethylether war notwendig, da für die Abnahme der Hämolymphe die Körperflüssigkeit in der Biene durch den Herzschlauch weiter gepumpt werden musste.

6.10.4 Larven

Die Fütterungsversuche fanden im Sommer 2009 im Bieneninstitut des LAVES in Celle basierend auf der von Aupinel *et al.* entwickelten Methode (Aupinel *et al.*, 2005) statt.

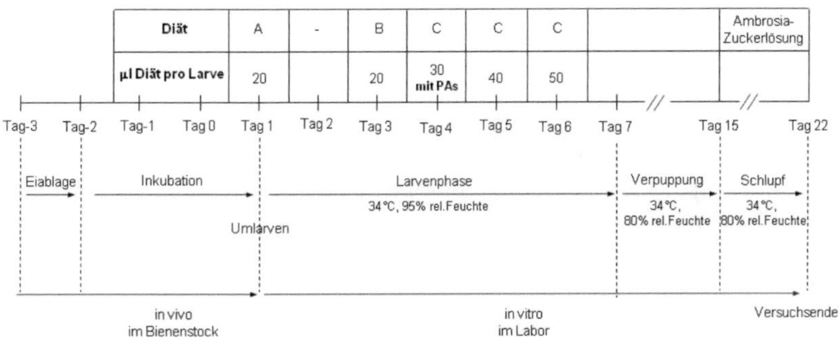

Abb. 50 Zeitablauf der Larven-Fütterungsversuche

Die Fütterung der Larven wurde in durch Autoklavieren sterilisierten Weiselzellen aus Polystyrol in 48 Well Plates (Greiner Bio-One GmbH, Solingen, Deutschland) durchgeführt. In den Löchern der Platten befanden sich zur Erhöhung Stücke von Dentalwatterollen, die mit 200 µL einer Lösung aus 15,5 % (w/w) Glycerol in 0,4 % (w/w) Methylbenzethoniumchlorid getränkt waren. Die Diäten A, B und C, die den Larven an Tag 1 (20 µL Diät A pro Larve), Tag 3 (20 µL Diät B pro Larve) und den Tagen

4, 5 und 6 (30, 40, 50 µL Diät C pro Larve) angeboten wurden, setzten sich aus Gelée Royal, Hefeextrakt, Fruktose und Glukose in unterschiedlichen Verhältnissen zusammen:

Diät A:

50 % Gelée Royal + 50 % einer wässrigen Lösung aus 2 % Hefeextrakt, 12 % Fruktose und 12 % Glukose

Diät B:

50 % Gelée Royal + 50 % einer wässrigen Lösung aus 3 % Hefeextrakt, 15 % Fruktose und 15 % Glukose

Diät C:

50 % Gelée Royal + 50 % einer wässrigen Lösung aus 4 % Hefeextrakt, 18 % Fruktose und 18 % Glukose

Die wässrige Lösung jeder Diät wird vor dem Vermischen mit dem Gelée Royal durch einen Membranfilter von Schwebstoffen befreit.
An Tag 1 wurden die geschlüpften Larven in die mit 20 µL Diät A versehenen Weiselzellen umgelarvt und die mit Larven versehenen Kulturplatten in hermetisch abgeschlossene Exsikkatoren (30,5 x 30,5 x 30,5 cm, Nalgene®Labware, Thermo Fischer Scientific Inc., Waltham, USA) in den auf 34 °C temperierten Brutschrank gestellt.
Die relative Luftfeuchtigkeit in den Exsikkatoren wurde an die natürlichen Bedingungen im Bienenstock während der entsprechenden Entwicklungsstadien der Larve angepasst:

Tag 1 – 7: 95 % relative Luftfeuchtigkeit; Zugabe von K_2SO_4-Lösung gesättigt (150 g/L) auf dem Exsikkatorboden
Tag 8 – 22: 80 % relative Luftfeuchtigkeit; Zugabe von NaCl-Lösung gesättigt (410 g/L) auf dem Exsikkatorboden

Der zeitliche Ablauf des Versuchs ist Abb. 50 zu entnehmen.
An Tag 15 wurden die Platten mit den Larven in Plastikboxen (11 x 15 x 12 cm), ausgestattet mit Ambrosia-Zuckersirup, transferiert.
Im Test auf akute Toxizität wurde an Tag 4 die Diät C mit jeweils der entsprechenden Testsubstanz (Monocrotalin, Monocrotalin-*N*-Oxid bzw. 1,2-Dihydromonocrotalin) in den verschiedenen Konzentrationen 0,002, 0,02, 0,2 und 2 % (w/w) versehen. Mit jeder Testsubstanz wurden drei unabhängige Wiederholungen mit jeweils einer Platte

(entspricht 48 Larven) pro Konzentration zuzüglich einer 0 %-Kontroll-Platte durchgeführt.

An den Tagen 6, 8, 15 und 22 wurden die verstorbenen Larven gezählt und von der Platte entnommen.

In der ersten Versuchswiederholung mit Monocrotalin-*N*-Oxid wurden an Tag 8 die 33 Verstorbenen von insgesamt 48 Larven der 2 %-Platte vorsichtig den Zellen entnommen, mit Wasser abgespült und, ebenso wie die restliche Diät aus den entsprechenden 33 Zellen und die von der Fütterung verbliebene 2 %-ige Monocrotalin-*N*-Oxid-Diät, bis zur qualitativen Analyse auf Monocrotalin sowohl in *N*-oxidierter als auch in tertiärer Form (s. Abschnitt 6.13) tiefgefroren aufbewahrt.

6.11 Choice-Test-Versuch mit adulten Bienen

Ein Volk Sommerbienen (*Apis mellifera* L.) des Bieneninstituts Celle (LAVES) wurde im Mai 2010 im Institutsgarten auf einen Futterplatz antrainiert. Dazu wurde ein mit 50 %-iger Saccharose-Lösung gefülltes, auf einer blauen Holzplatte (ca. 10 x 10 cm) stehendes, durchsichtiges Plexiglasgefäß zu Beginn direkt vor den Eingang des Bienenstocks gestellt. Sobald diese Futterquelle von den Bienen akzeptiert wurde und sie regelmäßig zum Fressen kamen, wurde das Gefäß in kleinen Schritten (ca. 0,5 m), die mit zunehmender Entfernung vergrößert wurden, weiter entfernt und anschließend in einer Entfernung von ungefähr 10 m platziert werden. Die Bienen, die an dem Futterplatz anzutreffen waren, wurden mit einem Lackstift gelb markiert. Bei einer Gesamtzahl von ca. 60 markierten Bienen wurden die blaue Holzplatte entfernt und die Versuche nach einer ca. 2-stündigen Antrainierphase gestartet.

Als PA-Testsubstanzen wurden das Gemisch aus tertiären PAs aus *S. vernalis* (s. Abschnitt 6.3.1) das Gemisch der entsprechenden *N*-Oxide (s. Abschnitt 6.5), reines (käuflich erworbenes) Echimidin und das daraus synthetisierte Echimidin-*N*-Oxid (s. Abschnitt 6.5) eingesetzt. Die Konzentrationen von 0,2, 0,02, 0,002 und 0,0002 % in 30 %-iger Saccharose-Lösung wurden zusammen mit 30 %-iger Saccharose-Lösung als Kontrolle getestet.

Der folgende Ablauf wurde mit einer handelsüblichen digitalen Videokamera für die spätere Versuchsauswertung aufgezeichnet.

Pro Durchgang wurden alle Konzentrationen einer Testsubstanz zusammen mit einer Kontrolle in ca. 2 cm hohen durchsichtigen Glasschalen (5 x 5 cm) auf einem grauen Tablett (30 x 60 cm) auf den Futterplatz platziert. Die Bienen wurden für einige Zeit zum Fressen an die Schalen gelassen. Nach ca. 30 s wurden alle Bienen mit den Händen verscheucht, die Plätze der Schalen willkürlich vertauscht und mit dem erneuten Anflug der Bienen der nächste Durchgang gestartet. Das Verscheuchen, Vertauschen der Schalen und Anfliegen lassen der Bienen wurde solange wiederholt, bis das Futter der ersten Schale leer war. Dann wurde das Tablett mit den Glasschalen gegen das nächste Tablett mit einem neuen Set an Schalen mit der nächsten zu testenden PA-Substanz getauscht.

Zur Auswertung des Versuchs wurde das Video herangezogen. Jede einzelne Futterlösung in den Schalen wurde hinsichtlich ihrer Attraktivität für die Bienen betrachtet. Die Bienen wurden dazu in vier verschiedene Gruppen unterteilt: (i) alle gelb markierten Bienen, die eine Schale anflogen, (ii) alle gelb markierten Bienen, die nach kurzem Testen des Futter wieder von der Schale abflogen, (iii) alle Bienen, markiert und nicht markiert, die eine Schale anflogen und (iv) alle Bienen (wie bei iii), die von der Schale nach dem Probieren des Futter wieder abflogen.

Die Ergebnisse des Choice-Tests wurden aus allen Bienen erstellt, die in das Testgeschehen involviert waren. Die Anzahl „fressender Bienen“ beinhaltet alle Bienen, die während eines Durchgangs von der Futterlösung gefressen haben. Sie berechnet sich aus Gruppe (iii) abzüglich der Gruppe (iv).

$$Anzahl\ fressende\ Bienen = Anzahl\ Gruppe\ (iii) - \ Anzahl\ Gruppe\ (iv)$$

Die Anzahl „abgeschreckte Bienen“ ergibt sich aus den Bienen der Gruppe (iv). Die Bienen der Gruppe (iii) ergeben die Anzahl „angeflogene Bienen“.

6.12 Analyse von Arbeiterinnen auf Pyrrolizidinalkaloide

Die lyophilisierten Bienen in Eppendorf Gefäßen (2 mL) wurden mit Edelstahlkugeln (d = 1 – 4 mm) im Paintshaker (Merris Minimax MK4, Glattbrugg, Switzerland) zweimal für 90 s pulverisiert. Im Fall der Proben, die nach den Methoden in Abschnitt 6.12.2 bzw.

6.12.3 aufgearbeitet wurden (Fütterungen mit PA-Gemisch und mit PA-*N*-Oxiden) erfolgte hier die Zugabe des internen Standards für die Quantifizierung in Form von 50 µL einer Monocrotalin-Standard-Lösung (1 mg/mL in MeOH). Zur Extraktion der PAs wurde in zwei Schritten mit 500 µL 1 M HCl nach zweimal 90 s intensiven Mischens im Paintshaker für 10 min die Lösung inkubiert und anschließend für 10 min bei 12 000 U/min zentrifugiert. Die vereinten Extraktüberstände wurden den Hinweisen zur weiteren Analyse in Abschnitt 6.10.1 und 6.10.2 entsprechend nach den drei folgenden Methoden in Abschnitt 6.12.1 bis 6.12.3 aufgearbeitet.

6.12.1 Methode A

Diese Methode fand bei den Bienen der Fütterungsversuche mit Monocrotalin, 1,2-Dihydromonocrotalin (s. Abschnitt 6.10.1) und der Versuche zum PA-Transfer (s. Abschnitt 6.10.2) Anwendung. Der erhaltene Extrakt wurde mit NH_4OH_{conc} alkalisiert, über eine Extrelut®-Säule nach Abschnitt 6.14 von unerwünschten Begleitstoffen gereinigt und für die Messung vorbereitet. Die Identifizierung der jeweiligen PA-Strukturen erfolgte über GC-MS-Messung (s. Abschnitt 6.18.2) durch den Vergleich der Spektren und der Retentionsindizes (RI) mit denen von Referenzsubstanzen (Witte *et al.*, 1992). Der PA-Gehalt wurde über den externen Standard Heliotrin (1 mg/mL in MeOH) mittels GC-FID/NPD-Messung (s. Abschnitt 6.17) quantifiziert.

6.12.2 Methode B

Angewandt bei den Bienen aus den Fütterungsversuchen mit dem PA-Gemisch (s. Abschnitt 4.10.1). Der Extrakt wurde gemäß Abschnitt 6.12.1 aufgearbeitet. Die Quantifizierung erfolgte hierbei über den internen Standard Monocrotalin.

6.12.3 Methode C

Angewandt bei den Bienen aus den Fütterungsversuchen mit PA-*N*-Oxiden (s. Abschnitt 4.10.1), zur Bestimmung von tertiären PAs und PA-*N*-Oxiden gleichzeitig. Der nach 6.11 erhaltene Extrakt wurde nach der Zentrifugation in zwei gleiche Teile getrennt. Ein Teil wurde gemäß 6.12.2 zur Bestimmung des tertiären PA-Gehalts aufgearbeitet. Der andere Teil wurde im Vorfeld durch Zugabe von Zinkpulver (< 45 µm) bei Raumtemperatur zur Reduktion der PA-*N*-Oxide gerührt und anschließend gemäß der Methode in 6.12.2 für die Messungen vorbereitet. Aus ihm geht der Anteil der tertiären PAs und der PA-*N*-Oxide (Gesamt-PA-Gehalt in den Proben) hervor. Der Gehalt an PA-*N*-Oxiden ergibt sich durch Subtraktion des Gehaltes an tertiären PAs vom Gesamt-PA-Gehalt.

6.12.4 Analyse von Arbeiterinnen auf Radioaktivitätsverteilung

Den betäubten Bienen wurde zwischen der zweiten und dritten Tergite (Rückenschuppe) durch leichtes Eindrücken mit einer Mikropipette (5 µL) aus Glas die Hämolymphe entnommen und anschließend der Körper in die Organe Honigblase, Mitteldarm, Kotblase und verbleibender Körper (entspricht zum Großteil Fettkörper) für die getrennte Szintillations-Messung auf Radioaktivität separiert. Die Mikropipette wurde mit leichtem Luftdruck entleert und die Hämolymphe mit 500 µL Wasser verdünnt. Aus allen Körperorganen wurde auf die gleiche Weise ein Extrakt für die Messung gewonnen. Hierzu wurde zu den Körperorganen in 2 mL Eppendorf Gefäßen 500 µL der organischen Aufschlusslösung „solvable™ solution" (Perkin Elmer Boston, USA) gegeben, das Gefäß gründlich auf dem Vortex gemischt und die Lösung über Nacht bei Raumtemperatur stehen gelassen.

Von allen Extrakten und der Hämolymphlösung wurden zwei Aliquote von je 200 µL entnommen, mit 5 mL „Lumasafe™ plus" Cocktail (LUMA LSC B.V., Groningen, The Netherlands) vermengt und die Lösungen mittels Szintillationsmessung (LS 6500 Multi-Purpose Scintillation Counter, Beckmann Coulter, Inc., Brea, USA) gemessen. Die Aktivität wurde auf die Ausgangsmengen hochgerechnet.

6.13 Analyse von Larven auf Pyrrolizidinalkaloide

Aus den 33 verstorbenen Larven wurde ein Gesamtextrakt mit zweimal 500 µL H_2SO_4 (0,05 M) gemacht und dieser mittels Festphasenextraktion (s. Abschnitt 6.15, Konditionierung mit 0,05 M H_2SO_4) gereinigt und aufkonzentriert. Die unter Stickstoffstrom eingedampften Rückstände wurden in 200 µL der LC-MS-Fließmittel-Mischung (50/50) aufgenommen und Verdünnungen dieser Lösungen von 1:1000 mittels ESI-MS (s. Abschnitt 6.20) hinsichtlich des qualitativen Gehalts an Monocrotalin-*N*-Oxid sowie tertiärem Monocrotalin gemessen.

6.14 Probenaufreinigung mittels Extrelut®

Die basischen Extrakte wurden zur Aufreinigung auf eine Säule Extrelut® NT20 (Merck, Darmstadt, Germany) (1,4 mL Extrakt/g Extrelut®) gegeben, und nach einer Inkubationszeit von 10 min wurden die PAs zweimal mit je 6 mL CH_2Cl_2 eluiert. Das Eluat wurde am Rotationsverdampfer eingedampft, der Rückstand in 50 µL MeOH aufgenommen und für die Messungen (Abschnitt 6.17) eingesetzt.

6.15 Festphasenextraktion SPE an PCX

Die SPE an einer Vakkum-Vorrichtung diente der Reinigung und der Aufkonzentrierung der sauren Extrakte aus den Abschnitten 6.4.1, 6.4.2 und 6.13. Die SPE Kartuschen (Bond Elut Plexa PCX 200 mg, 6 mL, Varian, Inc, Palo Alto, USA) wurden im ersten Schritt mit 6 mL MeOH und im zweiten Schritt mit der Säure bzw. dem Säure-Gemisch, in der bzw. dem der zu reinigende Extrakt vorliegt, konditioniert. Der Extrakt wurde aufgegeben und mit einem Fluss von 0,5 – 1ml/min appliziert. Nach dem Waschen mit 10 mL Wasser und 4 x 3 mL MeOH wurde mit 4 mL ammoniakalischem MeOH (30 mL NH_4OH_{conc}/500 mL MeOH) eluiert und die Eluate im Stickstoffstrom zur Trockene eingedampft.

6.16 Statistische Auswertung

Die Signifikanz der Mittelwerte von Fraßmengen und Mortalitäten in den Fütterungsversuchen wurden durch eine One-way-ANOVA gefolgt von einem Student-Newman-Keuls-Test auf Signifikanz getestet. Die Tests wurden unter Verwendung von Sigma Stat ©3.10 (Systat Software GmbH, Erkrath, Germany) durchgeführt.

6.17 Gaschromatographie

GC-System	Agilent Technologies 6890 N Network GC (Agilent Technologies, Wilmington, USA)
Autosampler	Agilent Technologies 7683 B Series Injector, (Agilent Technologies, Wilmington, USA)
Trennsäule	Phenomenex ZB-1 (30 m x 0,25 mm, Filmdicke 0,25 µm) (Phenomenex®, Aschaffenburg, Deutschland)
Injektor	Split/Splitless Injector, Split 1:10, 250 °C
Trägergas	Helium 1,2 mL/min, constant flow
Temperaturprogramm	100 °C (3 min) - 6 °C/min – 310 °C (3 min)
Detektor 1	Flammenionisationsdetektor (FID), 300 °C , Makeup-Gas N_2 (25 mL/min), Brenngase synthetische Luft (300 mL/min), Wasserstoff (35 mL/min)
Detektor 2	Stickstoff-Phosphor-Detektor (NPD), 320 °C , Makeup-Gas N_2 (15 mL/min), synthetische Luft (100 mL/min), Wasserstoff (2 mL/min)

6.18 Gaschromatographie-Massenspektrometrie

6.18.1 Methode A

GC-System	Agilent Technologies 6890 N Network GC (Agilent Technologies, Wilmington, USA)
Autosampler	Agilent Technologies 7683 B Series Injector, (Agilent Technologies, Wilmington, USA)
Trennsäule	Phenomenex ZB-5MS (30 m x 0,25 mm, Filmdicke 0,25 µm) (Phenomenex®, Aschaffenburg, Deutschland)
Injektor	Split/Splitless Injector, Splitless, 250 °C

Trägergas	Helium, 1,0 mL/min, constant flow
Temperaturprogramm	100 °C (3 min) - 6 °C/min – 310 °C (3 min)
Transferline	290 °C

MS-System	Agilent Technologies 5975 B inert XL EI/CI MSD (Agilent Technologies, Wilmington, USA)
Ionisation	Elektronenstoßionisation (EI), 70 eV
Ionenquelle	230 °C
Multiplier	1700-2100 V
Massenbereich	SIM-Modus: m/z = 93, 183, 299

Die Identifizierung der jeweiligen PA-Strukturen erfolgte durch den Vergleich der Spektren und der Retentionsindizes (RI) mit denen von Referenz-Spektren der Instituts-Datenbank (Witte *et al.*, 1992).

6.18.2 Methode B

GC-System	Agilent Technologies 6890 N Network GC (Agilent Technologies, Wilmington, USA)
Autosampler	Agilent Technologies 7683 B Series Injector, (Agilent Technologies, Wilmington, USA)
Trennsäule	J&W DB-1 (30 m x 0,32 mm, Filmdicke 0,25 µm) (Agilent Technologies, Wilmington, USA)
Injektor	Split/Splitless Injector, Split 1:10, 250 °C
Trägergas	Helium, 1,2 mL/min, constant flow
Temperaturprogramm	100 °C (3 min) - 6 °C/min – 310 °C (3 min)
Transferline	310 °C

MS-System	Agilent Technologies 5975 B inert XL EI/CI MSD (Agilent Technologies, Wilmington, USA)
Ionisation	Elektronenstoßionisation (EI), 70 eV
Ionenquelle	230 °C
Multiplier	1700-2100 V
Massenbereich	$m/z = 40 - 550$

Die Identifizierung der jeweiligen PA-Strukturen erfolgte durch den Vergleich der Spektren und der Retentionsindizes (RI) mit denen von Referenzmassenspektren der institutseigenen PA-GC-MS-Datenbank (Witte *et al.,* 1992).

6.19 Hochleistungsflüssigkeitschromatographie-Massenspektrometrie

LC-System	Agilent Technologies 1200 Series (Agilent Technologies, Wilmington, USA)
Trennsäule	Discovery® HS F5 (15 cm x 2,1 mm, 3 µm) (Supelco, Bellefonte, USA)
Mobile Phase	A: 1 % Ameisensäure in Wasser, B: 1 % Ameisensäure in Acetonitril
Flussrate	0,3 mL/min
Injektionsvolumen	5 µL
Gradient	0 – 3 min: 90 % A, 3 – 24 min 90 -0 % A, 24 – 27 min 0 % A, 27 – 28 min 0 – 90 % A, 28 – 38 min 90 % A

ESI-MS-System	Applied Biosystems 3200 Q Trap LC/MS/MS System (Applera, Darmstadt, Deutschland)

Scan-Methoden	EMS (Enhanced MS), EPI (Enhanced Product Ion) bzw. MRM (Multiple Reaction Monitoring)	
Ionisation	positiv	
Ionenquelle	350 °C	
Massenbereich	bei EMS: 50-650	
	bei EPI: Products of 398, 414, 440, 456	
	50 – 500	
	bei MRM:	
	Echimidin	Q1: 398; Q3: 120, 220, 336 Ionisationsenergie 29 eV
	Vulgarin	Q1: 398; Q3: 94, 138, 240 Ionisationsenergie 48 eV
	Echimidin-*N*-Oxid	Q1: 414; Q3: 220, 254, 352 Ionisationsenergie 29 eV
	Vulgarin-*N*-Oxid	Q1: 414; Q3: 172, 256, 314 Ionisationsenergie 48 eV
	Acetylechimidin	Q1: 440; Q3: 120, 138, 220, 322 Ionisationsenergie 48 eV
	Acetylvulgarin	Q1: 440; Q3: 180, 282 Ionisationsenergie 48 eV
	Acetylechimidin-*N*-Oxid	Q1: 456; Q3: 220, 254, 338, 396 Ionisationsenergie 48 eV
	Acetylvulgarin-*N*-Oxid	Q1: 456; Q3: 298, 356 Ionisationsenergie 48 eV

6.20 Elektrosprayionisation-Massenspektrometrie

ESI-MS-System	Applied Biosystems 3200 Q Trap LC/MS/MS System (Applera, Darmstadt, Deutschland)
Ionisation	positiv
Ionenquelle	350 °C

Methode A	Scan-Methode: EMS (Enhanced MS) Massenbereich 50 – 450
Methode B	Scan-Methode: EPI (Enhanced Product Ion), Massen 326, 342 Massenbereich 50 – 450 Ionisationsenergie 50 eV

7 Literaturverzeichnis

Adler, L. The ecological significance of toxic nectar. *Oikos,* 2000, *3,* S. 409–420.

Adler, L. und Irwin, R. Ecological costs and benefits of defenses in nectar. *Ecology,* 2005, *11,* S. 2968–2978.

Aupinel, P., Fortini, D., Dufour, H., Tasei, J., Michaud, B., Odoux, J. und Pham-Delégue, M. Improvement of artificial feeding in a standard in vitro method for rearing Apis mellifera larvae. *Bulletin of Insectology,* 2005, *2,* S. 107–111.

Baker, H. Non-sugar chemical constituents of nectar. *Apidologie,* 1977, *8,* S. 349–356.

Baker, H. und Baker, I. Studies on nectar constitution and pollinator-plant coevolution. In: Gilbert, L. E. und Raven, P. H. Coevolution of Animals and plants, 1975, S. 100–140.

Barnett, E., Charlton, A. und Fletcher, M. Incidents of bee poisoning with pesticides in the United Kingdom, 1994-2003. *Pest Management Science,* 2007, *11,* S. 1051–1057.

Betteridge, K., Cao, Y. und Colegate, S. Improved method for extraction and LC-MS analysis of pyrrolizidine alkaloids and their *N*-oxides in honey: application to Echium vulgare honeys. *Journal of agricultural and food chemistry,* 2005, *6,* S. 1894–1902.

Bienenschutzverordnung. Verordnung über die Anwendung bienengefährlicher Pflanzenschutzmittel, vom 22. Juli 1992., BGBl, *I,* S. 1410.

Bieri, K. und Bogdanov, S. Pollen - eine bunte Vielfalt. In: Matzke, A. und Bogdanov, S. Bienenprodukte und Apitherapie, Der Schweizerische Bienenvater (Autorenkollektiv), Fachschriftenverlag VDRB, Winikon, Bd. 4, 2003, S. 41–51.

Bogdanov, S. und Matzke, A. Honig - eine natürliche Süße. In: Matzke, A. und Bogdanov, S. Bienenprodukte und Apitherapie, Der Schweizerische Bienenvater (Autorenkollektiv), Fachschriftenverlag VDRB, Winikon, Bd. 4, 2003, S. 7–40.

Boppré, M. Insects pharmacophagously utilizing defensive plant chemicals (Pyrrolizidine alkaloids). *Naturwissenschaften,* 1986, *1,* S. 17–26.

Boppré, M., Colegate, S. und Edgar, J. Pyrrolizidine alkaloids of Echium vulgare honey found in pure pollen. *Journal of agricultural and food chemistry,* 2005, *3,* S. 594–600.

Boppré, M., Colegate, S., Edgar, J. und Fischer, O. Hepatotoxic pyrrolizidine alkaloids in pollen and drying-related implications for commercial processing of bee pollen. *Journal of Agricultural and Food Chemistry,* 2008, *14,* S. 5662–5672.

Chang, A. und Hartmann, T. Solubilization and characterization of a senecionine *N*-oxygenase from Crotalaria scassellatii seedlings. *Phytochemistry,* 1998, *7,* S. 1859–1866.

Chen, T., Mei, N. und Fu, P. Genotoxicity of pyrrolizidine alkaloids. *Journal of Applied Toxicology,* 2010, *3,* S. 183–196.

Colegate, S., Edgar, J., Knill, A. und Lee, S. Solid-phase extraction and HPLC-MS profiling of pyrrolizidine alkaloids and their *N*-oxides: a case study of Echium plantagineum. *Phytochemical analysis : PCA,* 2005, *2,* S. 108–119.

Culvenor, C. Pyrrolizidine alkaloids – occurrence and systematic importance in angiosperms. *Botaniska Notisier,* 1978, *131,* S. 473–486.

Culvenor, C., Edgar, J. und Smith, L. Pyrrolizidine alkaloids in honey from Echium plantagineum L. *Journal of Agricultural and Food Chemistry,* 1981, *5,* S. 958–960.

Culvenor, C., Edgar, J., Jago, M., Qutteridge, A., Peterson, J. und Smith, L. Hepato- and pneumotoxicity of pyrrolizidine alkaloids and derivatives in relation to molecular structure. *Chemico-biological interactions,* 1976, *3-4,* S. 299–324.

Cymerman Craig, J. und Purushothaman, K. An improved preparation of tertiary amine *N*-oxides. *The Journal of organic chemistry,* 1970, *5,* S. 1721–1722.

Deinzer, M., Thomson, P., Burgett, D. und Isaacson, D. Pyrrolizidine alkaloids: their occurrence in honey from tansy ragwort (Senecio jacobaea L.). *Science (New York, N.Y.),* 1977, *4277,* S. 497–499.

Detzel, A. und Wink, M. Attraction, deterrence or intoxication of bees (Apis mellifera) by plant allelochemicals. *Chemoecology,* 1993, *1,* S. 8–18.

Duvoisin, N. und Lehnherr, B. Bienenvolk - Königin, Arbeiterin, Drohne. In: Lehnherr, B. D. N. Biologie der Honigbiene, Der Schweizerische Bienenvater (Autorenkollektiv), Fachschriftenverlag VDRB, Winikon, Bd. 2, 2003, S. 35–58.

Edgar, J., Roeder, E. und Molyneux, R. Honey from plants containing pyrrolizidine alkaloids: a potential threat to health. *Journal of agricultural and food chemistry,* 2002, *10,* S. 2719–2730.

Ehmke, A., Borstel, K. von und Hartmann, T. Alkaloid *N*-oxides as transport and vacuolar storage compounds of pyrrolizidine alkaloids in Senecio vulgaris L. *Planta,* 1988, *1,* S. 83–90.

Ehmke, A., Witte, L., Biller, A. und Hartmann, T. Sequestration, *N*-Oxidation and Transformation of Plant Pyrrolizidine Alkaloids by the Arctiid Moth Tyria jacobaea L. *Zeitschrift für Naturforschung,* 1990, *45c,* S. 1185–1192.

Fluri, P. und Pickhardt, A. Bedeutung der Bienenhaltung. In: Lehnherr, M., Heinz, A. und Thomas, H.-U. Imkerhandwerk, Der Schweizerische Bienenvater (Autorenkollektiv), Fachschriftenverlag VDRB, Winikon, Bd. 1, 2003, S. 2934.

Forth, W. Allgemeine und spezielle Pharmakologie und Toxikologie. BI-Wissenschaftsverl., Mannheim, 1987.

Frei, H., Lüthy, J., Brauchli, J., Zweifel, U., Würgler, F. und Schlatter, C. Structure/activity relationships of the genotoxic potencies of sixteen pyrrolizidine alkaloids assayed for the induction of somatic mutation and recombination in wing cells of Drosophila melanogaster. *Chemico-biological interactions,* 1992, *1,* S. 1–22.

Frölich, C., Hartmann, T. und Ober, D. Tissue distribution and biosynthesis of 1,2-saturated pyrrolizidine alkaloids in Phalaenopsis hybrids (Orchidaceae). *Phytochemistry,* 2006, *14,* S. 1493–1502.

Frölich, C., Ober, D. und Hartmann, T. Tissue distribution, core biosynthesis and diversification of pyrrolizidine alkaloids of the lycopsamine type in three Boraginaceae species. *Phytochemistry,* 2007, *7,* S. 1026–1037.

FSANZ. http://www.foodstandards.gov.au/scienceandeducation/factsheets/factsheets 2004/consumersadvisedtoli2347.cfm, 2004 (Zugriff am 22.09.2010).

Fu, P., Xia, Q., Lin, G. und Chou, M. Pyrrolizidine alkaloids-genotoxicity, metabolism enzymes, metabolic activation and mechanisms. *Drug metabolism reviews,* 2004, *1,* S. 1–55.

Gegear, R., Manson, J. und Thomson, J. Ecological context influences pollinator deterrence by alkaloids in floral nectar. *Ecology Letters,* 2007, *5,* S. 375–382.

Gould, J. und Gould, C. The honey bee. Scientific American Library, New York, 1995.

Hartmann, T. Chemical ecology of pyrrolizidine alkaloids. *Planta,* 1999, *4,* S. 483–495.

Hartmann, T. Principles of plant secondary metabolism. *Plant Systematics and Evolution,* 1985, *1-2,* S. 15–34.

Hartmann, T. Pyrrolizidine Alkaloids: The Successful Adoption of a Plant Chemical Defense. In: Conner, W. E. Tiger moths and woolly bears, 2009, S. 55–81.

Hartmann, T. Senecio spp.: Biochemistry of the Formation of Pyrrolizidine Alkaloids in Root Cultures. In: Bajaj, Y. S. Medicinal and aromatic plants, 1994.

Hartmann, T. und Ober, D. Biosynthesis and Metabolism of Pyrrolizidine Alkaloids in Plants and Specialized Insect Herbivores. In: Leeper, F. J. und Vederas, J. C. Biosynthesis, 2000, S. 207–244.

Hartmann, T. und Ober, D. Defense by Pyrrolizidine Alkaloids: Developed by Plants and Recruited by Insects. In: Schaller, A. Induced Plant Resistance to Herbivory, 2008, S. 213–231.

Hartmann, T. und Toppel, G. Senecionine *N*-oxide, the primary product of pyrrolizidine alkaloid biosynthesis in root cultures of Senecio vulgaris. *Phytochemistry,* 1987, *6,* S. 1639–1643.

Hartmann, T. und Witte, L. Chemistry, biology and chemoecology of the pyrrolizidine alkaloids. In: S.W. Pelletier. Alkaloids: Chemical and Biological Perspectives, 1995, S. 155–233.

Hartmann, T., Ehmke, A., Eilert, U., Borstel, K. von und Theuring, C. Sites of synthesis, translocation and accumulation of pyrrolizidine alkaloid N-oxides in Senecio vulgaris L. *Planta,* 1989, *1*, S. 98–107.

Hartmann, T., Theuring, C., Beuerle, T., Klewer, N., Schulz, S., Singer, M. und Bernays, E. Specific recognition, detoxification and metabolism of pyrrolizidine alkaloids by the polyphagous arctiid Estigmene acrea. *Insect Biochemistry and Molecular Biology,* 2005, *5*, S. 391–411.

Hartmann, T., Theuring, C., Schmidt, J., Rahier, M. und Pasteels, J. Biochemical strategy of sequestration of pyrrolizidine alkaloids by adults and larvae of chrysomelid leaf beetles. *Journal of Insect Physiology,* 1999, *12*, S. 1085–1095.

Huang, J., Miranda, C., Buhler, D. und Cheeke, P. The roles pf CYP3A and CYP2B isoforms in hepatic bioactivation and detoxification of the pyrrolizididne alkaloids senecionine in sheep and hamsters. *Toxicology and Applied Pharmacology,* 1998, *151*, S. 229–235.

Huxtable, R. New aspects of the toxicology and pharmacology of pyrrolizidine alkaloids. *General pharmacology,* 1979, *3*, S. 159–167.

Kakar, F., Akbarian, Z., Leslie, T., Mustafa, M., Watson, J., van Egmond, H., Omar, M. und Mofleh, J. An outbreak of hepatic veno-occlusive disease in Western Afghanistan associated with exposure to wheat flour contaminated with pyrrolizidine alkaloids. *Journal of toxicology,* 2010, S. 313280.

Kempf, M., Beuerle, T., Bühringer, M., Denner, M., Trost, D., Ohe, K. von der, Bhavanam, V. und Schreier, P. Pyrrolizidine alkaloids in honey: risk analysis by gas chromatography-mass spectrometry. *Molecular nutrition & food research,* 2008, *10*, S. 1193–1200.

Kempf, M., Heil, S., Hasslauer, I., Schmidt, L., Ohe, K. von der, Theuring, C., Reinhard, A., Schreier, P. und Beuerle, T. Pyrrolizidine alkaloids in pollen and pollen products. *Molecular nutrition & food research,* 2010c, *2*, S. 292–300.

Kempf, M., Reinhard, A., Ohe, K. von der, Blacquière, T., Raezke, K., Michel, R., Schreier, P. und Beuerle, T. Pyrrolizidine Alkaloids in Honey: Comparison of analytical methods. *Food Additives and Contaminants,* 2010b, *in press.*

Kempf, M., Schreier, P., Reinhard, A. und Beuerle, T. Pyrrolizidinalkaloide in Honig und Pollen. *Journal fur Verbraucherschutz und Lebensmittelsicherheit,* 2010a, S. 1–14.

Kempf, M., Wittig, M., Schönfeld, K., Cramer, L. und Schreier, P. Pyrrolizidine alkaloids in food: Downstream contamination in the food chain caused by honey and pollen. *Food Additives and Contaminants,* 2010d, *in press.*

Kessler, D. und Baldwin, I. Making sense of nectar scents: The effects of nectar secondary metabolites on floral visitors of Nicotiana attenuata. *Plant Journal,* 2007, *5*, S. 840–854.

Lehnherr, B. und Duvoisin, N. Anatomie und Physiologie der Honigbiene. In: Lehnherr, B. D. N. Biologie der Honigbiene, Der Schweizerische Bienenvater (Autorenkollektiv), Fachschriftenverlag VDRB, Winikon, Bd. 2, 2003, S. 7–34.

Lehnherr, M. und Thomas, H.-U. Geschichte der europäischen Bienenhaltung- und forschung. In: Lehnherr, M. und Thomas, H.-U. Natur- und Kulturgeschichte der Honigbiene, Der Schweizerische Bienenvater (Autorenkollektiv), Fachschriftenverlag VDRB, Winikon, Bd. 5, 2008, S. 72–110.

Lindigkeit, R., Biller, A., Buch, M., Schiebel, H., Boppré, M. und Hartmann, T. The two faces of pyrrolizidine alkaloids: The role of the tertiary amine and its N-oxide in chemical defense of insects with acquired plant alkaloids. *European Journal of Biochemistry,* 1997, *3*, S. 626–636.

Liu, F., Fu, W., Yang, D., Peng, Y., Zhang, X. und He, J. Reinforcement of bee-plant interaction by phenolics in food. *Journal of Apicultural Research,* 2004, *4*, S. 155–157.

Marin Loaiza, J., Ernst, L., Beuerle, T., Theuring, C., Céspedes, C. und Hartmann, T. Pyrrolizidine alkaloids of the endemic Mexican genus Pittocaulon and assignment of stereoisomeric 1,2-saturated necine bases. *Phytochemistry,* 2008, *1*, S. 154–167.

Mattocks, A. Chemistry and toxicology of pyrrolizidine alkaloids. Academic Press, London, 1986.

Ministerium für Ländlichen Raum, E. http://www.mlr.baden-wuerttemberg.de/Minister_Peter_Hauk_MdL_Wir_lassen_die_Imker_nicht_im_Stich/61431.html&suchtext=bienensterben%20poncho, 2008 (Zugriff am 22.09.2010).

Miranda, C., Chung, W., Reed, R., Zhao, X., Henderson, M., Wang, J., Williams, D. und Buhler, D. Flavin-containing monooxygenase: a major detoxifying enzyme for the pyrrolizidine alkaloid senecionine in guinea pig tissues. *Biochemical and biophysical research communications,* 1991, *2*, S. 546–552.

Naumann, C., Hartmann, T. und Ober, D. Evolutionary recruitment of a flavin-dependent monooxygenase for the detoxification of host plant-acquired pyrrolizidine alkaloids in the alkaloid-defended arctiid moth Tyria jacobaeae. *Proceedings of the National Academy of Sciences of the United States of America,* 2002, *9*, S. 6085–6090.

OECD/OCDE. OECD guidlines for the testing of chemicals - Honeybees, acute oral toxicity test. Organisation for Economic Co-Operation and Development, France, 1998.

Porrini, C., Sabatini, A., Girotti, S., Fini, F., Monaco, L., Celli, G., Bortolotti, L. und Ghini, S. The death of honey bees and environmental pollution by pesticides: The honey bees as biological indicators. *Bulletin of Insectology,* 2003, *1*, S. 147–152.

Reinhard, A., Janke, M., Ohe, W. von der, Kempf, M., Theuring, C., Hartmann, T., Schreier, P. und Beuerle, T. Feeding deterrence and detrimental effects of pyrrolizidine alkaloids fed to honey bees (Apis mellifera). *Journal of chemical ecology,* 2009, *9,* S. 1086–1095.

Rieder, K. und Matzke, A. Apitherapie. In: Matzke, A. und Bogdanov, S. Bienenprodukte und Apitherapie, Der Schweizerische Bienenvater (Autorenkollektiv), Fachschriftenverlag VDRB, Winikon, Bd. 4, 2003, S. 87–97.

Ritter, R. Erbgut der Honigbienen in Mitteleuropa. In: Ritter, R., Künzle, J. und Maquelin, C. Königinnenzucht und Genetik der Honigbiene, Der Schweizerische Bienenvater (Autorenkollektiv), Fachschriftenverlag VDRB, Winikon, Bd. 3, 2003, S. 85–94.

Schuler, M. The role of cytochrome P450 monooxygenases in plant-insect interactions. *Plant Physiology,* 1996, *4,* S. 1411–1419.

Singaravelan, N., Nee'man, G., Inbar, M. und Izhaki, I. Feeding responses of free-flying honeybees to secondary compounds mimicking floral nectars. *Journal of Chemical Ecology,* 2005, *12,* S. 2791–2804.

Smith, L. und Culvenor, C. Plant sources of hepatotoxic pyrrolizidine alkaloids. *Journal of Natural Products,* 1981, *2,* S. 129–152.

Stanley, R. und Liskens Hans-Ferdinand. Pollen. Urs Freund Verlag, Greifenberg/ Ammersee, 1985.

Stegelmeier, B., Edgar, J., Colegate, S., Gardner, D., Schoch, T., Coulombe, R. und Molyneux, R. Pyrrolizidine alkaloid plants, metabolism and toxicity. *Journal of Natural Toxins,* 1999, *1,* S. 95–116.

Tautz, J. Phänomen Honigbiene. Elsevier Spektrum Akad. Verl., München, 2007.

Thomas, H.-U. Bienen (Apidae). In: Lehnherr, M. und Thomas, H.-U. Natur- und Kulturgeschichte der Honigbiene, Der Schweizerische Bienenvater (Autorenkollektiv), Fachschriftenverlag VDRB, Winikon, Bd. 5, 2008, S. 2–27.

Toppel, G., Witte, L. und Hartmann, T. N-oxidation and degradation of pyrrolizidine alkaloids during germination of Crotalaria scassellatii. *Phytochemistry,* 1988, *12,* S. 3757–3760.

Trigo, J. Effects of pyrrolizidine alkaloids through different trophic levels. *Phytochemistry Reviews,* 2010, S. 1–16.

van Dam, N., Witte, L., Theuring, C. und Hartmann, T. Distribution, biosynthesis and turnover of pyrrolizidine alkaloids in Cynoglossum officinale. *Phytochemistry,* 1995, *2,* S. 287–292.

Wiedenfeld, H. und Röder, E. Pyrrolizidine alkaloids. On their structure and toxicity (Pyrrolizidinalkaloide - Struktur und Toxizität). *Deutsche Apotheker Zeitung,* 1984, *43,* S. 2116–2122.

Winston, M. The biology of the honey bee. Harvard Univ. Press, Cambridge, Mass., 1991.

Witte, L., Rubiolo, P., Bicchi, C. und Hartmannt, T. Comparative analysis of pyrrolizidine alkaloids from natural sources by gas chromatography-mass spectrometry. *Phytochemistry,* 1992, *1,* S. 187–196.

Yu, S., Robinson, F. und Nation, J. Detoxication capacity in the honey bee, Apis mellifera L. *Pesticide Biochemistry and Physiology,* 1984, *3,* S. 360–368.